Sabat Un-Noor
Rajeev Gupta
Vishal Katna

Conceitos modernos em odontologia estética

Sabat Un-Noor
Rajeev Gupta
Vishal Katna

Conceitos modernos em odontologia estética

Imprint

Any brand names and product names mentioned in this book are subject to trademark, brand or patent protection and are trademarks or registered trademarks of their respective holders. The use of brand names, product names, common names, trade names, product descriptions etc. even without a particular marking in this work is in no way to be construed to mean that such names may be regarded as unrestricted in respect of trademark and brand protection legislation and could thus be used by anyone.

Cover image: www.ingimage.com

This book is a translation from the original published under ISBN 978-620-5-49768-5.

Publisher:
Sciencia Scripts
is a trademark of
Dodo Books Indian Ocean Ltd. and OmniScriptum S.R.L publishing group

120 High Road, East Finchley, London, N2 9ED, United Kingdom
Str. Armeneasca 28/1, office 1, Chisinau MD-2012, Republic of Moldova, Europe
Printed at: see last page
ISBN: 978-620-6-32183-5

Conteúdo

INTRODUÇÃO

A estética, segundo o dicionário oxford[1] , é descrita como um ramo da filosofia que se ocupa da natureza e da perceção do belo. O termo estética deriva da palavra grega Aisthetikos, que significa perceção sensorial.

O termo do Glossário de Dentisteria Protética -9[2] define Estética como o ramo da filosofia que lida com a beleza em medicina dentária, especialmente no que diz respeito à restauração dentária em termos de forma e cor, o princípio subjacente à beleza e atratividade de um objeto.

A beleza é uma combinação de realidade e perceção.[1] A realidade é o estado das coisas como elas são de facto e não como podem parecer ser. A perceção é a consciência do mundo exterior, ou de algum aspeto dele, através de várias sensações físicas como a visão, o tato, a audição, o paladar e o olfato, que são interpretadas pela mente.

Estética dentária[2] é definida como a restauração de dentes naturais ou artificiais de forma a melhorar o seu aspeto estético.

Medicina dentária estética[2] pode ser definida como a arte e a ciência da medicina dentária aplicada para criar ou realçar a beleza de um indivíduo dentro dos limites funcionais e fisiológicos.

A beleza pode ser classificada em termos gerais como:

- Beleza ideal
- Beleza humana
- Beleza natural
- Beleza abstrata

Antes de tentar identificar o conceito atual de estética facial, um olhar sobre a história da civilização ajudar-nos-ia a compreender melhor o conceito de beleza.[3]

História da medicina dentária estética

A medicina dentária estética remonta a 3000 a.C.. As pessoas utilizavam caules de plantas para limpar os dentes, o que lhes dava um sorriso mais bonito. Sabe-se que algumas civilizações antigas utilizavam materiais que se assemelhavam a dentes para substituições e restaurações.

Por volta de 700 a.C., os etruscos utilizavam marfim e osso ou mesmo dentes humanos ou de animais para fazer dentaduras.[3] Mais tarde, até o ouro foi utilizado para fazer uma coroa e uma ponte dentárias. A medicina dentária cosmética era também predominante entre os antigos egípcios. Eles martelavam conchas do mar nas gengivas para substituir os dentes. Também faziam pasta de dentes com pedra-pomes e vinagre para remover as manchas dos dentes.[3]

A medicina dentária cosmética foi experimentada ao longo dos séculos seguintes. [th][th]Durante o século XIV, os europeus começaram a esculpir próteses a partir de osso e marfim, mas estas eram extremamente desconfortáveis. Nos anos seguintes, foram utilizados dentes humanos como implantes dentários. Nos séculos XVIII e XIX, assistiu-se a uma grande melhoria na odontologia protética, que ajudou a abrir caminho para os procedimentos dentários cosméticos modernos.No início do século XIX, foram introduzidas as próteses de porcelana.[3]

No final do século XX, a medicina dentária começou a centrar-se na obtenção de um sorriso de aspeto natural, o que provocou um grande aumento da medicina dentária estética. Na década de 1970, as resinas compostas substituíram a resina acrílica e os cimentos de silicato foram utilizados como material de restauração permanente. Na mesma altura, foram também introduzidas muitas técnicas novas de revestimento.[4]

[5]Mais tarde, **Weinstein et al**[6] introduziram a porcelana intra-oral cozida a vácuo e a ligação da porcelana a ligas de ouro. Estes materiais permitiram o fabrico de restaurações cerâmicas que se assemelhavam mais ao dente humano.

O primeiro sistema de coroa reforçada com folha de alumínio comercialmente viável foi desenvolvido por **Mc lean e Sced**[7] em 1976. Este sistema foi comercializado sob o nome comercial de Vita.

Um sorriso bonito e uma estética facial harmoniosa contribuem para o bem-estar de um paciente. A estética do sorriso está relacionada com a forma, a textura, a cor e o alinhamento dos dentes anteriores, bem como com os tecidos moles intra-orais, a estética facial e os lábios.

O desenho do sorriso[2] é um processo em que os tecidos orais duros e moles são estudados e avaliados e em que são introduzidas alterações que têm uma influência positiva na estética geral do rosto. Um sorriso bem desenhado é conseguido através dos esforços consolidados do dentista, de um diagnóstico preciso, de um planeamento metódico do tratamento, da utilização de materiais avançados e de técnicas contemporâneas. A compreensão destes parâmetros artísticos de beleza e a sua correlação com o complexo dentofacial permitirão ao dentista dimensionar adequadamente a estética em qualquer composição dentofacial.[8]

O dentista cosmético, através da arte dentária, permite que as pessoas enfrentem o mundo com uma confiança renovada. O desejo de parecer atraente já não é visto como um sinal de vaidade. Num mundo económico, social e competitivo, a aparência agradável é uma necessidade. Uma vez que o rosto é a parte mais exposta do corpo e a boca a caraterística proeminente, os dentes estão a receber uma maior atenção. A medicina dentária estética não se limita à correspondência correcta das cores, mas envolve toda a apresentação do complexo orofacial.

CAPÍTULO I

PRINCÍPIOS DE ESTÉTICA

O dicionário Oxford descreve a estética[1] como **a ciência da beleza na natureza e nas artes.**
A estética não pode ser julgada sem a aceitação e apreciação da maioria das pessoas. A beleza, no seu aspeto físico, pode variar de indivíduo para indivíduo e de uma civilização para outra. Da mesma forma, a beleza entre os seres humanos também é relativa e subjectiva, mas a beleza é uma combinação de realidade e perceção pessoal que envolve as nossas faculdades sensuais de visão, tato, audição, paladar e olfato. Da mesma forma, os módulos de tratamento diferem de pessoa para pessoa, embora os seus problemas possam ser semelhantes. Por conseguinte, não pode ser seguido um plano de tratamento normalizado.

MEDICINA DENTÁRIA ESTÉTICA

É a **arte e a ciência da medicina dentária aplicada para criar ou realçar a beleza de um indivíduo dentro dos limites funcionais e fisiológicos.**[8] Todo o rosto tem de ser considerado na totalidade quando se tenta trabalhar a estética dentária, porque o que surge finalmente deve acompanhar as várias características do rosto, sorriso, gengivas e dentes, complementando-se natural e completamente.

A medicina dentária estética é um esforço para assegurar que os dentes desempenham bem a sua função e têm também um aspeto bonito, tendo em conta as necessidades individuais de cada paciente. Não há dúvida sobre a importância da cor dos dentes no resultado final, mas o planeamento do tratamento estético nunca pode envolver apenas a melhoria da cor.

A perceção visual é importante para a apreciação estética, para a qual foi formulado um conjunto de leis ou princípios de perceção visual. Estes fornecem uma base de estética que faz parte da beleza essencial e natural. Foi Richard E Lombardi (1973)[9] que introduziu estes princípios na fraternidade dentária.

PRINCÍPIOS ESTÉTICOS DA MEDICINA DENTÁRIA

Certos princípios estéticos podem ser aplicados ao complexo dento-facial e, combinando a criatividade artística com o critério científico, é possível obter um sorriso esteticamente apelativo.[8] São os seguintes:

1. COMPOSIÇÃO

A função do olho é proporcionar a visão. A visão é possível se o olho conseguir distinguir entre contrastes de cor, linha e textura, o que só pode acontecer se houver luz suficiente para os iluminar. O aumento da visibilidade é proporcional ao aumento do contraste. O estudo das relações existentes entre objectos tornados visíveis por contrastes de cor, linha e textura é designado por *composição* (fig. 2), que é ainda classificada como[8]

a) Composição dentária
b) Composição dento-facial
c) Composição facial

2. UNIDADE (fig. 3)

Unifica as diferentes partes da composição para dar os efeitos de um todo[8] A unidade pode ser:

a) Estática :- Observa-se em objectos não vivos como os flocos de neve e os cristais. São passivos e inertes, baseados num padrão regular e repetitivo.

b) Dinâmico:- É ativo, vivo e em crescimento, como nas plantas e nos animais.

3. FORÇAS COESIVAS E SEGREGATIVAS

a) Forças de coesão: são elementos que tendem a unificar uma composição de acordo com um princípio.[8]

b) Forças segregativas: São o oposto das forças coesivas que quebram a monotonia da composição para proporcionar variedade na unidade. São importantes porque tornam um design eficaz, uma vez que, apesar de os elementos estarem unificados, devem ser dispostos de forma interessante.

A harmonia depende do equilíbrio criado pelas forças coesivas e segregativas.

4. SIMETRIA(fig. 4)

Refere-se à regularidade na disposição das forças ou dos objectos. A simetria pode ainda ser subdividida em :

a) Horizontal/corrida: Ocorre quando um desenho ou modelo contém elementos semelhantes da esquerda para a direita numa sequência regular

b) Radiação: Ocorre como resultado do desenho do objeto, estendendo-se a partir de um ponto central, sendo os lados esquerdo e direito imagens espelhadas.

A simetria horizontal tende a ser monótona (forças de coesão), enquanto a simetria radial representa geralmente uma força segregativa que dá vida e dinamismo a uma composição.

A simetria deve ser utilizada na composição dentofacial para criar uma resposta psicológica positiva.

5. PROPORÇÃO E RELAÇÃO REPETIDA (fig. 5 e 6)

a) Proporção: a proporção deriva de uma noção de relação, percentagem ou medida na sua determinação numérica e implica a quantificação de normas que podem ser aplicadas a qualquer realidade física.

Os filósofos gregos[8] e os matemáticos têm trabalhado constantemente para definir as leis da beleza e da harmonia. A ligação da beleza com os valores numéricos reflecte a filosofia de que a beleza aparece sempre como fundamentalmente exacta.

Vários filósofos tentaram provar que a beleza também pode ser expressa matematicamente.

Por exemplo, PROPORÇÃO ÁUREA (Pitágoras): $1/1.618 = 0.618$

PROPORÇÃO DE BELEZA (Platão): $1/1.733 = 0.577$

A descoberta de uma relação intrigante na harmonia entre duas partes, que pode ser descrita da seguinte forma, foi atribuída a Pitágoras: O menor para o maior é igual à soma do todo relacionado com o maior.

Desde a sua formulação na Antiguidade, este número, denominado "número de ouro"[11] ou "secção áurea", encontra-se na composição dos grandes pintores clássicos que aplicaram magistralmente este princípio. Filosoficamente, parece mais fácil considerar que este valor numérico tende simplesmente a indicar uma qualidade de informação para a apreciação estética. No entanto, estudos e experiências demonstraram em grande medida que esta divisão da superfície, sentida pelo olho, independentemente de factores étnicos ou civilizacionais, é esteticamente atraente.

Não devemos concentrar-nos apenas nas manifestações simples desta secção dourada, mas nas variações e combinações subtis e fascinantes que se encontram na natureza. A mais comum, entre elas, é a forma bilateral, que pode ser facilmente descrita.

A aplicação do número de ouro à medicina dentária foi mencionada pela primeira vez por Lombardi[9] e desenvolvida por Levin[11] (fig. 7 e 8) e, atualmente, vários parâmetros que estão em conformidade com este número de ouro são elementos importantes na beleza estrutural ou biológica da composição dentofacial e podem ser sistematicamente aplicados em reabilitações.

Usando paquímetros que se abrem invariavelmente numa proporção áurea constante entre as partes maiores e menores, Levin observou que em dentições esteticamente agradáveis, vistas de frente, a largura do incisivo central está na proporção áurea da largura do incisivo lateral, que por sua vez está na proporção áurea da parte anterior do canino. "A largura dos incisivos está em proporção áurea com os outros, vistos de frente". Demonstrou ainda que o espaço negativo lateral, ou seja, a área de escuridão que aparece entre o segmento anterior dos dentes e o canto da boca, ao sorrir, está na proporção áurea de metade da largura deste segmento anterior.

Embora, de acordo com os factos, a proporção seja matemática, parece hoje mais pertinente combinar a quantificação numérica da beleza com a sua quantificação psicofísica.

b) Razão repetida: A divisão de uma superfície em partes que contrastam em forma e tamanho, mas que estão relacionadas entre si através de um determinado fator matemático repetitivo, é designada por razão repetida.

Este fator constante aproximado é melhor expresso pela série de somas 1,2,3,5,8,13,21,34,55,89 89/55=1,618,   o número de ouro.

6. BALANÇO (fig. 9 e 10)

Define-se[8] como a estabilização resultante do equilíbrio exato entre forças opostas. No equilíbrio, o peso dos elementos mais afastados do fulcro assume importância. O nosso sentido percetivo visual é utilizado para manter ou induzir o equilíbrio. Quando a posição de um objeto no seu fundo é percebida com uma tensão desconfortável, o equilíbrio da composição é difícil de alcançar. Para aliviar a tensão ou restabelecer o equilíbrio

• o elemento causal deve ser deslocado em direção à linha de forças ou à linha média para aliviar a tensão visual.

• um elemento oposto deve ser introduzido ao longo da mesma linha de forças para promover o equilíbrio.

7. LINHAS (fig. 10)

Muitos factores que fazem parte da beleza biológica ou estrutural dependem da visualização de linhas que podem ser percebidas. Podem ser sugeridas[8] por dois ou três pontos num movimento direcional. A relação de paralelismo entre duas linhas é a mais harmoniosa porque não apresenta o conflito comummente utilizado como o sinal de igual. A relação psicológica mais forte que as linhas podem ter é uma relação perpendicular como um sinal de mais ou de cruz. As composições dentárias contêm uma multiplicidade de linhas que são mais ou menos expressas como o plano oclusal, a linha média ou a direção do dente.

8.   DOMINÂNCIA (fig. 11) - Implica a presença de elementos subsequentes semelhantes. Quanto mais forte for o elemento subsequente, mais forte será o elemento dominante, mais vigorosa será a composição A cor, a forma e as linhas são factores que podem determinar a dominância[8] É o fator-chave necessário para proporcionar uma apreciação significativa da composição dentofacial e a necessidade de uma integração harmoniosa da composição dentária na estrutura facial. Por exemplo, se for necessário aumentar a dominância da composição dentária, esta deve ser tornada mais visível. Isto pode ser conseguido aumentando o tamanho do dente em questão, tornando-o mais leve ou colocando-o mais à frente.

Fig. 1 A beleza é virtual (Platão)

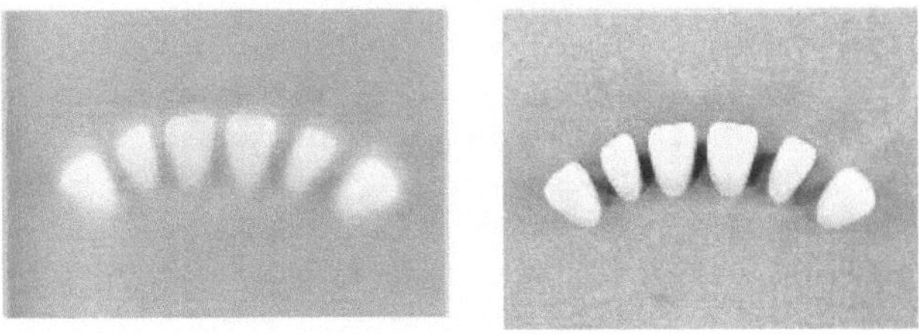

Fig .2 objects are made visible by contrast

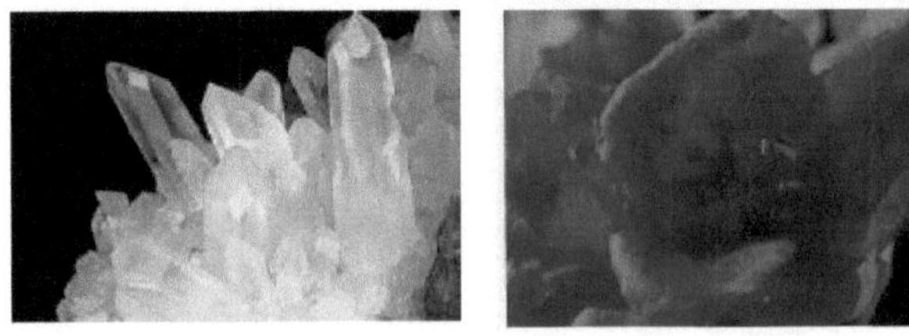

Fig.3 Static Unity   *Dynamic Unity*

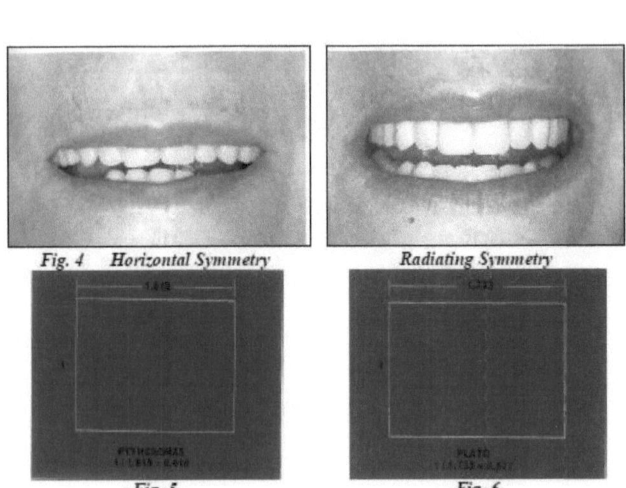

Fig. 4   Horizontal Symmetry   *Radiating Symmetry*

Fig. 5   *Fig. 6*

Fig.2 Os objectos são tornados visíveis por contraste Dynamic Unity

Fig.   4Simetria horizontal Simetria radiante

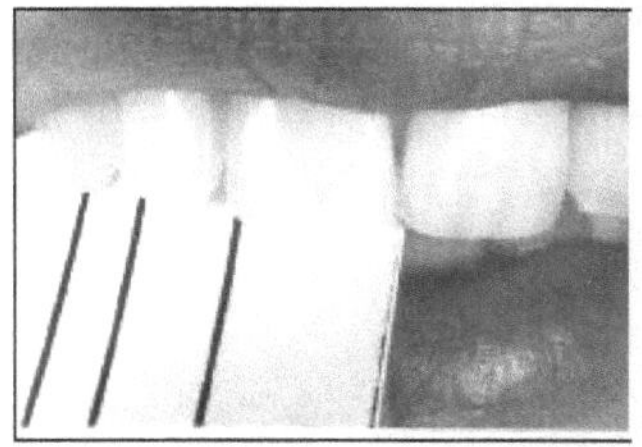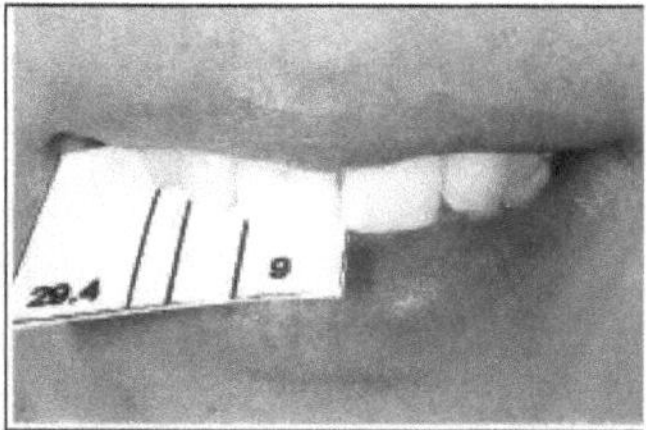

Fig. 7 Demonstration of Clinical application of Levin's grid. The anterior teeth are in golden relationship

Fig . 8

placement of a form in its background produces visual tension

when moved to center visual tension relieved

same phenomenon occurs in placing another form in position of equilibrium

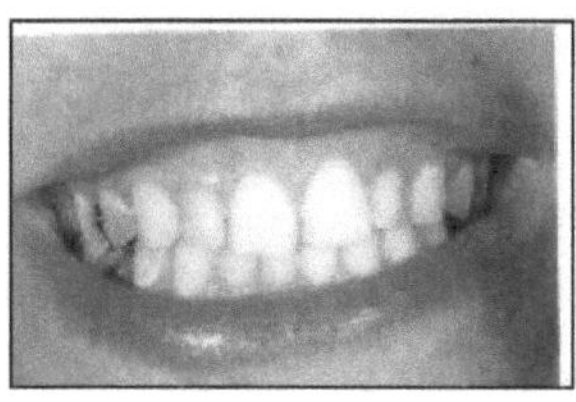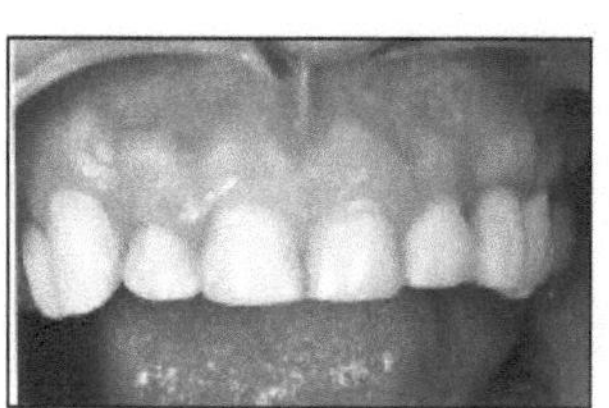

Fig . 9 Imbalance of colour

Imbalance of shape

Fig. 10 As linhas iguais representam importantes forças de coesão, enquanto as linhas cruzadas têm uma conotação mais forte de forças segregativas.

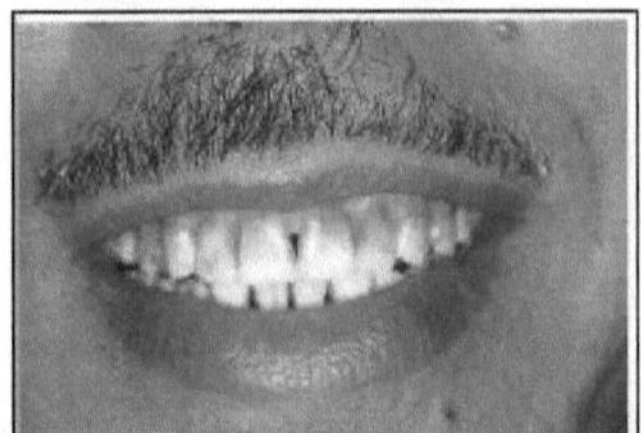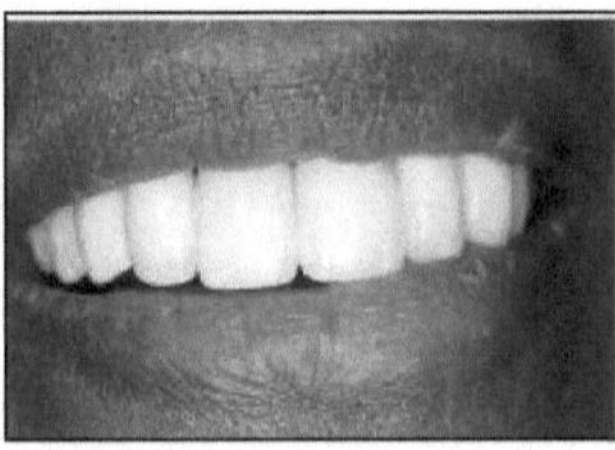

Fig:11Dominância fraca - insuficiente Dominância forte - subsequente Os elementos de contraste proporcionam um forte contraste

CAPÍTULO II

COMPOSIÇÃO ESTÉTICA DENTO-FACIAL

Factores envolvidos na composição estético-dentofacial e seu significado clínico

É necessária uma abordagem organizada e sistemática para avaliar, diagnosticar e resolver problemas estéticos de forma previsível. Os dois principais objectivos da Estética Dentária são:[11]

- Criar dentes com proporções inerentes agradáveis e proporções agradáveis entre si.
- Para criar uma disposição agradável dos dentes em harmonia com a gengiva, os lábios e o rosto do paciente.

A orientação estética da composição dentária com toda a composição facial pode ser alcançada tendo em consideração as referências, os elementos do sorriso, as proporções e a simetria. [12]Quatro factores de composição estética podem ser aplicados de forma simples e eficaz ao sorriso. Servem para ajudar o clínico a determinar a exposição adequada dos dentes, o tamanho dos dentes, a disposição dos dentes e a orientação para a face durante o diagnóstico e tratamento estético. São eles:[12]

- Quadro e referência
- Proporção e idealismo
- Simetria
- Perceção e ilusão

Estes factores serão abordados em várias rubricas relativas aos componentes do complexo dento-facial, nomeadamente:

1. COMPONENTES FACIAIS
2. COMPONENTES DENTÁRIOS
3. COMPONENTES GENGIVAIS
4. COMPONENTES FÍSICOS

1. COMPONENTES FACIAIS

Referências

Os elementos anatómicos do rosto e os elementos biológicos que incluem os elementos funcionais e fonéticos fornecem os quadros de referência e as directrizes para ajudar o dentista a alcançar um sentido geral de orientação e diagnóstico.[12,13,14]

As referências podem ser classificadas como:

A. Referências horizontais (Fig. 12 e 13)

Uma perspetiva horizontal do rosto é fornecida por:

- Linha interpupilar
- Linha Comissarial
- Linha Ofíaca

A direção geral do plano incisal dos dentes maxilares e do contorno gengival deve ser paralela à linha interpupilar,[13] , enquanto as linhas ofírica e comissural[14] servem de linhas acessórias. Esta harmonia deve ser ainda reforçada pelo facto de o plano incisal seguir a linha do lábio inferior durante o sorriso. Quando uma linha imaginária traçada através das margens gengivais não é paralela à linha interpupilar, é indicada uma inclinação da maxila (Fig. 13). Uma certa quantidade de canting é considerada normal e, nesse caso, pode ser efectuada uma correção ligeira da margem gengival através do alongamento cirúrgico do incisivo central no aspeto inferior. O acantonamento grave pode exigir uma abordagem interdisciplinar envolvendo ortodontia e reposicionamento cirúrgico da maxila.

B. Referências verticais (Fig.14)

A linha média facial é uma linha imaginária que se estende verticalmente desde o násio, passando pelo ponto subnasal e o ponto interincisal até ao pogónio. [13]O efeito T, criado pela linha interpupilar perpendicular à linha média facial, é realçado num rosto agradável, com elementos horizontais como as linhas oftálmica e comissural e com elementos verticais como o dorso do nariz e o filtro.

A linha média facial serve para avaliar:

- a localização e o eixo da linha média dentária
- discrepâncias mediolaterais na posição dos dentes

C. Referências Sagitais

Os contornos do lábio superior e inferior fazem parte da análise do perfil e podem ser usados como um guia para as posições dos dentes. Estão disponíveis várias análises dos tecidos moles para avaliação da convexidade do perfil, da quantidade de protrusão ou retrusão labial e da proeminência.[15] Para situações mais complexas e, sobretudo, com anomalias esqueléticas, recomenda-se vivamente uma consulta de ortodontia com análise cefalométrica.

Linha E[16] : A linha estética é uma linha imaginária que liga a ponta do nariz à parte mais proeminente do queixo. Idealmente, o lábio superior fica 1-2 mm atrás e o lábio inferior, 23 mm atrás da linha E (Fig. 15).

Apoio do lábio superior: O suporte do lábio superior é controlado, até certo ponto, pela posição dos dentes maxilares. O 2/3 da gengiva, e não o 1/3 da incisal dos incisivos centrais superiores, contribui para o suporte principal do lábio (Fig. 16).

De acordo com _Pound,_[17] a posição do dente afeta mais significativamente os lábios mais finos e protruídos do que os lábios grossos, retruídos ou verticais. De acordo com _Maritato &_ _Douglas_[18] estudos cefalométricos, o suporte labial é um melhor guia da posição do dente do que a posição da borda incisal.

Relação com o lábio inferior: A relação dos bordos incisais maxilares com o lábio inferior é um guia para a avaliação geral da posição e comprimento dos bordos incisais. Quando as consoantes "F" ou "V"[19] são pronunciadas, os bordos incisais devem fazer um contacto definitivo com o bordo interno do vermelhão do lábio inferior. Estas posições são valiosas para determinar a posição facial do 1/3 incisal dos incisivos centrais superiores, que deve estar em conformidade com a trajetória de fecho do lábio inferior.

Plano oclusal: O plano oclusal é o plano comum estabelecido pelas superfícies incisais e oclusais dos dentes e coincide convencionalmente (com pequenas variações) com o plano de Camper,[20] que é um plano que se estende desde o bordo inferior da asa do nariz até ao bordo superior do tragus da orelha.

D. Referências fonéticas (Fig. 17)

As referências fonéticas[21] que ajudam no diagnóstico estético são:

- O som "M" é utilizado para obter uma posição de repouso relaxada. Entre sons "M", repetidos em intervalos lentos, pode ser avaliada a quantidade de exposição incisal em repouso.
- Os sons "F" ou "V"[21] são utilizados para determinar a inclinação lingual do comprimento do incisivo central superior.
- Os sons "S" e "Z"[21] determinam a dimensão vertical da fala. A quantidade de espaço de fala posterior varia com a quantidade de protrusão mandibular necessária para colocar os dentes anteriores em contacto para o som "8". Portanto, em pacientes com uma relação oclusal de Classe I ou Classe II, o espaço de fala posterior é maior do que o espaço de fala

anterior. Em termos de reconstrução dentária, esses pacientes geralmente podem aceitar variações na dimensão vertical da oclusão, desde que permaneçam dentro dos limites da dimensão vertical da fala. Como o espaço de fala dos pacientes com relação oclusal de Classe III é aproximadamente o mesmo anteriormente e posteriormente, esses pacientes não podem tolerar tanta variação da dimensão vertical da oclusão porque isso interferiria no seu espaço de fala.

E. Proporções faciais (Fig. 18)

As proporções faciais[12] podem ser diferentes de um indivíduo para outro. [12]As relações proporcionais fornecem um valor qualitativo de avaliação estética. As composições dentárias, dento-faciais e faciais contêm uma variedade de relações que podem ser avaliadas de acordo com a "proporção áurea" nos seus valores lineares e bilaterais e a variedade de formas geométricas. A proporção áurea não só simboliza a beleza e o conforto a um nível primitivo, como também é a chave de grande parte da fisiologia normal. Rostos idealmente proporcionais expressam uma proporção divina quando se compara a largura do nariz no interdacrião (a ponte óssea entre os olhos) com a largura do nariz na asa. Esta progressão continua na largura da boca, na largura dos olhos no canto lateral e, finalmente, na largura da cabeça ao nível das sobrancelhas[12]

Na vista frontal, o rosto está dividido:

- Verticalmente em duas metades pela linha média facial. As linhas verticais podem então ser traçadas desde a pupila do olho até aos cantos da boca.
- Horizontalmente em 1/3. O 1/3 inferior está dividido em:

F. Características faciais (Fig. 19, 20, 21, 22)

O esqueleto, os músculos, os ligamentos e os dentes formam uma unidade coesa. O equilíbrio facial anormal, quer morfológico quer estético, pode ser atribuído a duas causas principais[22]

- Envelhecimento fisiológico ou programado que gera alterações na tonicidade dos músculos e da pele
- Envelhecimento patológico gerado por traumas acidentais que afectam a cavidade oral.

O envelhecimento facial afecta predominantemente o 1/3 inferior da face. Situações patológicas materializadas pela perda dos dentes, migração, desgaste dentário, restaurações defeituosas ou arranjos dentários exibem alterações morfológicas profundas que afectam direta ou indiretamente as estruturas circundantes. As perturbações funcionais reflectem-se naturalmente na aparência facial atestando a ligação existente entre função e estética.

Um rolo protrusivo para fora do lábio superior e inferior, originado por uma perda de tonicidade da pele e dos músculos, participa no desenvolvimento da flacidez facial. Uma perda da dimensão vertical do 1/3 da face que afecta a força e a extensão do comprimento de trabalho da musculatura infra-orbitária, predominantemente o quadrado labial superior e o zigomático, induz um colapso muscular. Quando esta perda é ilustrada pelo desgaste dos dentes anteriores ou pela falta de suporte dentoalveolar, pode observar-se um rolar para dentro da margem do lábio superior em direção aos cantos.

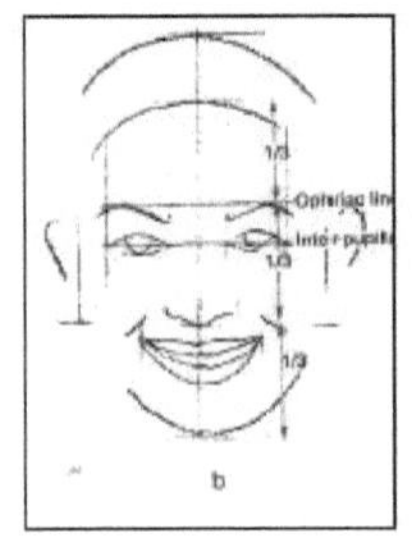
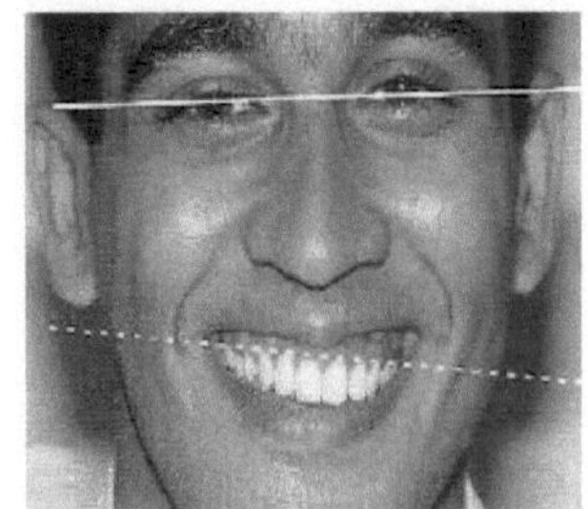
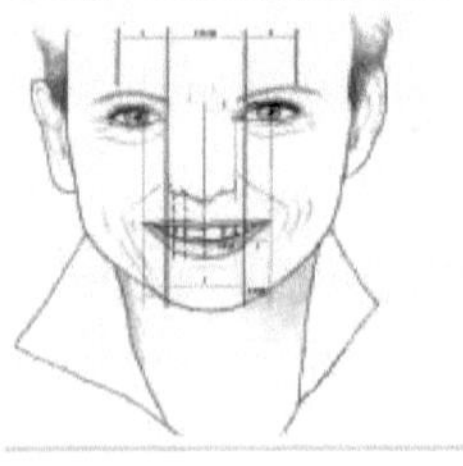
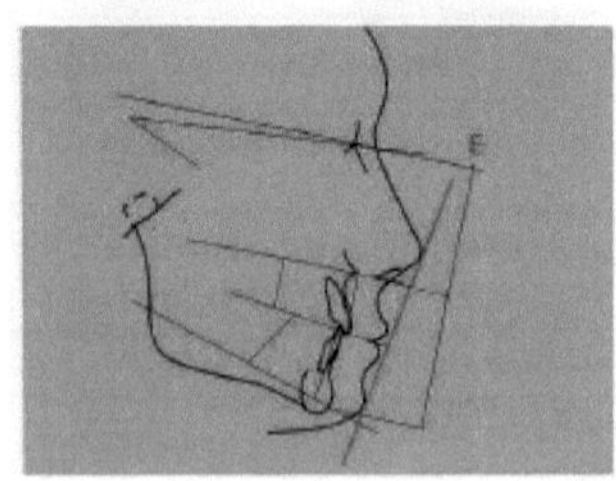

Fig. 14 – Vertical References   Fig. 15 – E line

Fig. 14 - Referências verticais
Fig. 15 - Linha E

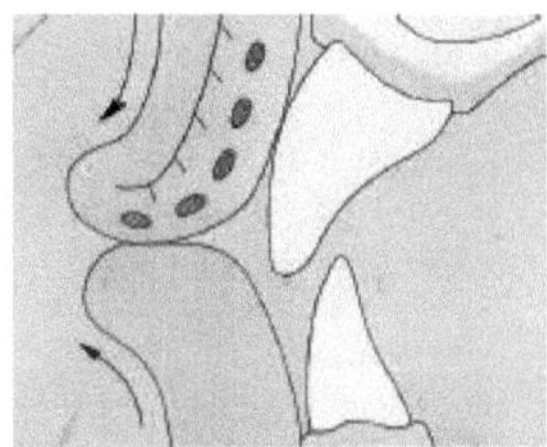

Fig. 16 – Upper lip support

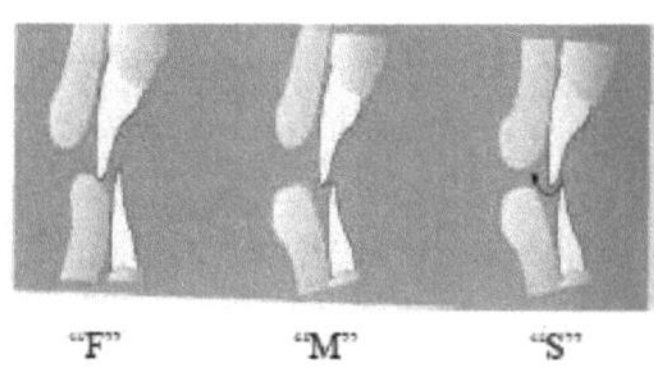

Fig. 17 – Phonetic references labial and dental relations during speech

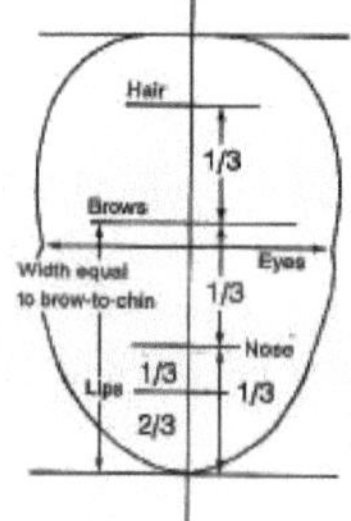

Fig. 17 Facial proportion

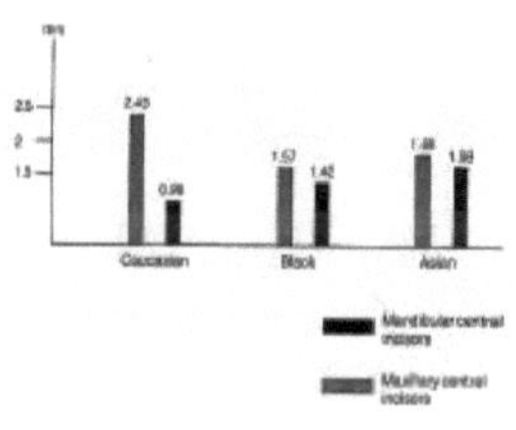

Fig. 18 - Tooth visibility

Fig. 19. Individual in his 30s

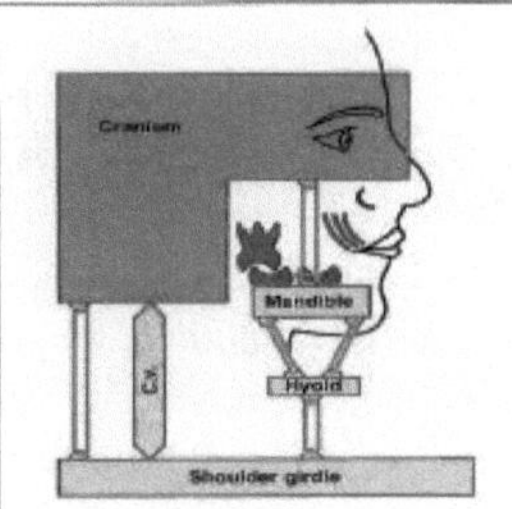

Fig.20 Diagramatic representation of head posture maintenence and balance of craniomandibular muscles

Fig. 16 - Suporte do lábio superior
Fig. 17 - Referências fonéticas das relações labiais e dentárias durante a fala
Fig. 17 - Proporção facial Fig. 18 - Visibilidade dentária Fig. 19. Indivíduo na casa dos 30 anos
Fig.20 Representação esquemática da manutenção da postura da cabeça e do equilíbrio dos músculos craniomandibulares

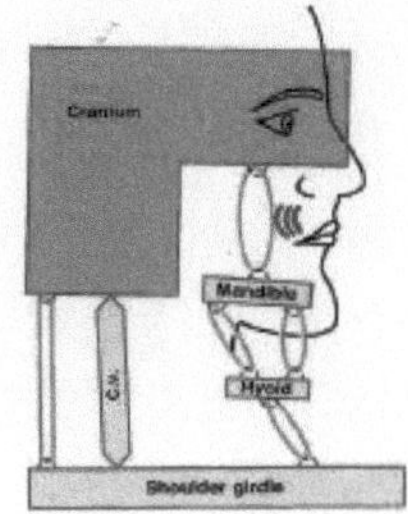

Fig. 21 Indivíduo no início dos 50 anos. Fig. 22 Diagrama que simula a perda de suporte dentário.

Visibilidade dos dentes

A quantidade de exposição dentária quando os lábios e os anterios inferiores estão em repouso é, tal como a postura corporal, uma posição determinada pelo músculo.**Vij e Brundo**[23] (1972) realizaram um estudo relacionado com a exposição dentária de acordo com o género, factores raciais, idade e comprimento dos lábios, elucidando a extrema variabilidade deste fator.Concluíram que a quantidade de exposição dos dentes maxilares diminuía com a idade e a exposição dos incisivos mandibulares aumentava proporcionalmente. Pessoas com lábios superiores curtos expuseram mais textura dentária do que pessoas com lábios superiores longos. E as mulheres apresentavam mais estrutura dentária do que os homens **(Fig. 18)**.

A visibilidade dos incisivos superiores é um parâmetro importante na avaliação estética, uma vez que a sua diminuição contribui para a perceção precoce do envelhecimento dos indivíduos na casa dos 40 anos. Em casos clínicos seleccionados, em que a flacidez do rosto foi demasiado longe e as técnicas de retreinamento muscular se tornaram ilusórias, a anatomia dentária deve ser alongada para cumprir os requisitos de rejuvenescimento.[23]

Componentes do sorriso (Fig. 23)

A capacidade do indivíduo para exibir um sorriso agradável depende diretamente da qualidade dos elementos dentários e gengivais que o compõem, da sua conformidade com as regras de beleza estrutural, das relações existentes entre os dentes e os lábios durante o sorriso e da sua integração harmoniosa na composição facial.

Os sorrisos podem ser classificados como: .

• Passivo: ligeiro afastamento dos lábios mostrando as partes incisais dos dentes anteriores e uma janela de sorriso mais pequena na moldura oral.

• Ativo: mostra mais dentes, alguma gengiva e espaço negativo com os lábios ligeiramente esticados nos cantos.

• Rir: exposição máxima dos dentes e gengivas numa janela de sorriso alargada.

Linhas dos lábios

A quantidade de exposição dentária durante um sorriso depende de uma variedade de factores, como o grau de contração dos músculos da expressão, os níveis dos tecidos moles, as particularidades do esqueleto e o desenho dos elementos de restauração, a forma dos dentes ou o desgaste dentário

Linha do lábio superiorAjuda a avaliar os incisivos maxilares expostos em repouso e durante o sorriso e a posição vertical das margens gengivais durante um sorriso[25] (Fig. 24).

• Pode ser classificada[25] como baixa, moderada ou alta, dependendo da quantidade de exposição dentária ou gengival em repouso ou durante um sorriso moderado.

- Um sorriso pode ser denominado "dentado"[25] se forem observados mais de 6 mm de exposição incisal em repouso, ou "gengival" se forem observados mais de 3 mm de tecido gengival num sorriso moderado.

A localização ideal da altura do lábio superior em relação ao incisivo central é na sua margem gengival ou 1 mm acima dela, mostrando a papila interdentária entre os dois incisivos centrais durante um sorriso moderado.

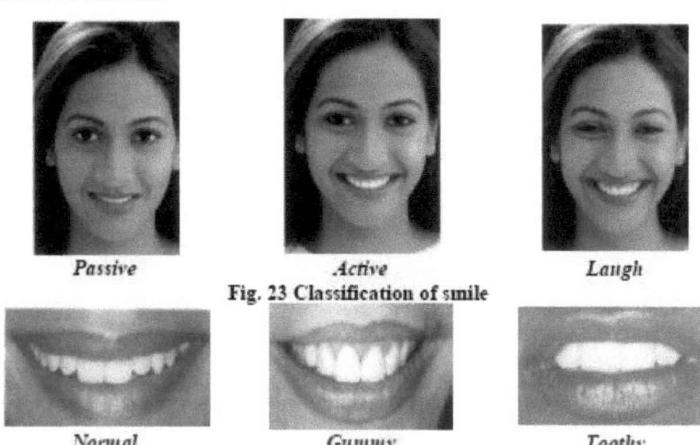

Fig. 24 Exposição do incisivo durante um sorriso moderado

Linha do lábio inferior: ajuda a avaliar a posição vestibulolingual do bordo incisal dos incisivos superiores e a curvatura do plano incisal.[25]

Plano Incisal

Quando os bordos incisais do incisivo central e do canino estão alinhados numa convexidade, o plano incisal é convexo. Quando os bordos incisais do incisivo central e do canino estão alinhados mas são mais compridos do que o incisivo lateral, o plano incisal tem uma configuração em *"asa de gaivota"*. Uma combinação destas duas disposições agradáveis é frequentemente observada na mesma boca.

Linha do sorriso:

Uma linha curva imaginária que passa pelas bordas incisais dos dentes anteriores superiores, geralmente paralela à curvatura da borda interna do lábio inferior. O grau de curvatura da linha do sorriso é mais pronunciado nas mulheres do que nos homens. A juventude exprime-se através de incisivos centrais proeminentes e bem desenvolvidos, embrasaduras incisais bem definidas e uma linha de sorriso convexa ou *em "asa de gaivota"*[26] . Uma linha de sorriso reta[26] está associada ao desgaste e ao envelhecimento

Acessoriamente, a convexidade da linha do sorriso pode ser restaurada para desviar a atenção de características faciais desagradáveis. **Riley**[27] recomenda a compensação de um queixo pontiagudo com uma curva de sorriso mais plana ou, inversamente, o equilíbrio de um rosto quadrado com uma curva de sorriso relativamente acentuada. Os padrões desagradáveis incluem uma linha de sorriso invertida ou côncava, ou uma convexidade excessiva.

Curvatura do lábio superior

Espera-se que corra para cima a partir da posição central para os cantos da boca, dependendo da sequência e do grau de implicação dos músculos faciais no desenvolvimento de um sorriso, mas verificou-se que é reto ou mesmo descendente num certo número de pessoas, afectando a atratividade desses sorrisos. No entanto, nestas situações, é possível obter algumas melhorias através de técnicas de reeducação muscular.

Espaço negativo

Pode ser descrito como[28] o espaço escuro que aparece entre os maxilares no canto da boca ou à volta do aspeto facial dos dentes posteriores durante o riso e a abertura da boca. Contribui para a individualização da composição dentária que é projectada pelo contraste de cores. Este espaço negativo lateral, que resulta da diferença existente entre as larguras da arcada maxilar e do sorriso, foi descrito como estando em proporção áurea com o segmento anterior do sorriso.

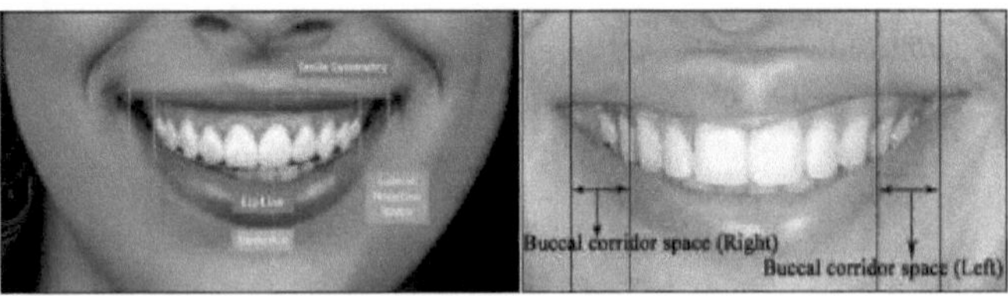

Fig 25 Influência estética do espaço negativo no corredor bucal durante o sorriso

Corredor bucal

Refere-se ao espaço escuro (espaço negativo) visível durante a formação do sorriso entre os cantos da boca e as superfícies vestibulares dos dentes superiores, sendo medido a partir do ângulo da linha mesial do primeiro pré-molar superior até à porção interior da comissura dos lábios. A diminuição do tamanho e do pormenor deve ocorrer gradualmente para aumentar o espaço do corredor bucal.

Simetria do sorriso

Simetria[29] só pode ser percepcionada em referência a um hipotético ponto central ou linha média central. Pode ser uma simetria horizontal ou radial, dependendo da preferência do paciente. Num sorriso natural e agradável, a simetria dentária agradável encontra-se perto da linha média e a irregularidade agradável longe da linha média, criando um equilíbrio entre idealismo e diversidade.

Linha oclusal ou Plano frontal oclusal

A linha oclusal[30] pode ser visualizada como fazendo parte da composição dentária, dentofacial e facial. Sublinhada pelas forças segregadoras do espaço negativo, participa num sistema de linhas coincidentes.

Dominância do sorriso

Frush & Fisher[31] e **Lombard**[9] enfatizaram a necessidade de o incisivo central superior ter um tamanho suficiente para dominar o sorriso, porque qualquer composição se baseia na dominância de um elemento principal.

Directrizes para uma dominância agradável do sorriso:[31]

- Os incisivos centrais maxilares exibem uma presença forte pelo seu tamanho e forma.
- **Elementos complementares subsequentes: os incisivos** laterais maxilares e os caninos complementam o incisivo central em termos de forma e configuração adequadas.
- **Proporção relativa agradável:** embora, numericamente, todas as proporções dos dentes anteriores não sigam a regra de ouro, os dentes estão colocados de tal forma que aparecem numa proporção adequada entre si.
- **Ordem na composição:** Observam-se rácios recorrentes semelhantes nos dentes desde o incisivo central até ao pré-molar.
- **Dinamismo do sorriso:** Movimentos bem coordenados dos lábios com a restante

musculatura perioral e correspondentes expressões faciais harmoniosas, contribuem para o rosto agradável durante o sorriso.

• **Elemento centralizado para a unidade:** A tez e a textura do rosto contrastam com a cor dos lábios, a gengiva e os dentes, o que leva a uma demarcação distinta entre a moldura oral e a facial.

2. COMPONENTES DENTÁRIOS

Linha média dentária

Tanto a linha média facial como a linha média dentária são os vectores necessários que permitem a avaliação estética através da perceção dos parâmetros de simetria e equilíbrio. Idealmente, a linha média dentária deve coincidir com a linha média facial. No entanto, a falta de coincidência entre a localização e a direção das duas linhas médias não constitui um problema estético, a menos que exista uma discrepância distinta. A verticalidade da linha média é mais crítica do que a sua posição mediolateral.

Golub[33] adverte contra a obtenção de uma linha média perfeitamente centrada com o rosto, porque isso cria demasiada uniformidade. A investigação demonstrou estatisticamente[33] , utilizando o filtro labial como guia de referência, que a linha média maxilar coincidiu exatamente com a linha média facial em 70% dos casos e que a estética não foi comprometida por um ligeiro desvio da linha média central. O mesmo estudo revelou que as linhas médias maxilar e mandibular não coincidiram em 75% dos casos.

São utilizados pontos de referência anatómicos, como a papila incisiva ou o frénulo labial, para centrar a linha média com precisão.

Proporção dos dentes:

Proporção do dente[9] é calculada dividindo a largura *da* coroa clínica pelo seu comprimento, que é idealmente de 75% a 80% para os incisivos centrais maxilares. Abaixo de 65%, o incisivo central pode parecer demasiado estreito, como nas coroas de implantes ou após cirurgia periodontal. Acima de 85%, o incisivo pode parecer demasiado curto e quadrado, como na atrição ou com erupção passiva alterada (Fig. 26 e 27).

• **Proporção determinada por médias estatísticas:** A média da relação W/L de um incisivo central superior varia entre 0,74 e 0,89. Wheeler[33] sugeriu uma proporção de 0,8(8,5 mm I 10,5 mm) para a técnica de escultura e isto é consistente com as médias de 0,8(8,5mm I 10,4 mm) encontradas por Shillingburg et al,[35] 0,8(9,0 mm /11,2mm) por Bjorndal et al[36] e 0,76(8,6 / 11,2 mm) por Woelful[37]

• **Proporção determinada pela forma do rosto:** Existem várias teorias propostas:

Hall[38] (1887) propôs o "conceito de forma típica", classificando os dentes naturais em categorias ovóides, cónicas e quadradas.

A relação biométrica de Berry[39] defendia que o contorno do incisivo central superior invertido se aproxima muito da forma do contorno da face. Ele também postulou com House & Loop[40] que a largura mesiodistal do dente era 1/16 da largura bizigomática,

Esta teoria geométrica foi posta em causa quando Frush & Fisher[32] (1956) introduziram a "teoria Dentogénica", segundo a qual a seleção dos dentes é regida principalmente pelo SAP (Sexo, Idade e Personalidade).

• **Proporção determinada pelo dentista e pela preferência do paciente:** Woodhead e McArthur[41] demonstraram separadamente que os moldes dos incisivos centrais superiores eram mais estreitos mesiodistalmente do que os dentes extraídos. Kern[42] estudou 509 crânios e encontrou a "relação biométrica" de 1 /16 apenas em 31% dos crânios. 60% dos crânios revelaram rácios de 1/14 e 1/15. Brisman[43] avaliou as preferências dos pacientes e dos dentistas e encontrou preferência nos desenhos do incisivo central por uma relação W/L de 0,75 ou 0,80. No entanto, nas fotografias, os pacientes ainda preferiam a relação 0,80, enquanto os dentistas seleccionavam dentes mais compridos e estreitos com uma relação de 0,66, possivelmente condicionada pela seleção de dentes para dentaduras.

- **Proporção determinada por considerações** anatómicasEstudos **isolados** encontram alguma relação entre os tamanhos do incisivo central superior e várias características anatómicas. No entanto, as provas continuam a ser demasiado escassas para correlacionar estritamente a forma do incisivo central maxilar com um ponto de referência facial
- "A aplicação do número de ouro à medicina dentária foi mencionada pela primeira vez por Lombardi[9] e Levin.[11] Levin observou que a relação dente a dente recorrente mais harmoniosa era encontrada na proporção áurea. Isto implica que o incisivo central superior deve ser aproximadamente 60% mais largo do que o incisivo lateral, que por sua vez deve ser 60% mais largo do que o aspeto mesial do canino, sendo o aspeto distal do canino obscurecido do aspeto facial. Demonstrou ainda que o espaço negativo lateral, a área que aparece entre o segmento anterior dos dentes e o canto da boca ao sorrir, é em proporção áurea a metade da largura deste segmento anterior. Desenvolveu uma grelha para ajudar o prostodontista a detetar o que está esteticamente errado na relação proporcional anterior.

SIMETRIA

A simetria dentária está relacionada com os lados direito e esquerdo da linha média. O objetivo é encontrar um equilíbrio agradável entre idealismo e desvio, porque as dentições naturalmente estéticas têm assimetrias subtis.[44]

Regras de simetria / assimetria para os dentes anteriores superiores[44]

- A linha média dentária é reta.
- A linha do sorriso segue a convexidade do lábio inferior
- Os incisivos centrais são simétricos
- As margens gengivais dos incisivos centrais são simétricas.
- As bordas incisais aprofundam-se gradualmente dos incisivos centrais para os caninos.
- O plano incisal é convexo, sinuoso ou uma combinação de ambos.
- As inclinações mesiais dos dentes são mais agradáveis do que as inclinações distais.

ASYMMETRY

- A linha média dentária pode ser ligeiramente oblíqua em relação à linha média facial.
- Os bordos incisais dos incisivos centrais podem estar ligeiramente desalinhados se as suas margens gengivais não estiverem niveladas.
- Os dentes não devem estar alinhados nos três planos do espaço para sugerir alinhamento; devem divergir em pelo menos um plano.
- Os incisivos centrais podem sobrepor-se ligeiramente uns aos outros ou ocupar uma posição mais facial ou podem estar ligeiramente rodados facialmente.
- Um incisivo central pode ser mais inclinado mesialmente do que os outros.
- O ângulo incisal distal do incisivo central pode ser bilateralmente assimétrico.
- Os incisivos laterais podem diferir bilateralmente em termos de forma, inclinação, abrasão e rotação gengival; as suas margens não precisam de estar niveladas.
- As inclinações labiolingual dos caninos podem ser ligeiramente assimétricas.

Inclinação axial (Fig. 29 e 30)

É a direção dos dentes em relação à linha média central. Há uma inclinação mesial definida de todos os dentes anteriores, bem como dos pré-molares e primeiros molares em relação à linha média.[45]

O equilíbrio é realizado em torno do fulcro central. Na dentição natural, observamos uma grande variedade de desvios em relação à inclinação axial incisal padrão. Na presença de um desvio axial moderado e agradável, estas inclinações singularizam e realçam a personalidade, desde que se tenha alcançado um equilíbrio ou um balanço de linhas em torno do fulcro central. Os desvios para além de um certo grau de equilíbrio são invariavelmente classificados como pouco atractivos. Além disso, quando o equilíbrio da inclinação axial dos dentes não foi alcançado na composição dentária, a tensão visual resultante pode também apontar um possível fator de instabilidade oclusal.

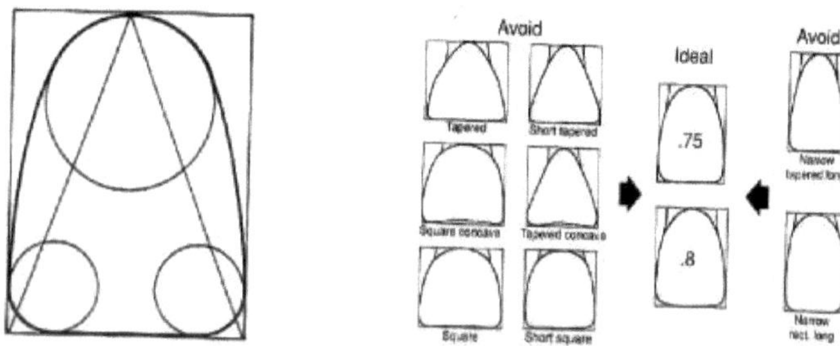

Fig.26 O contorno do *Fig.27*

O incisivo central maxilar é uma combinação de um círculo, um retângulo e um triângulo.

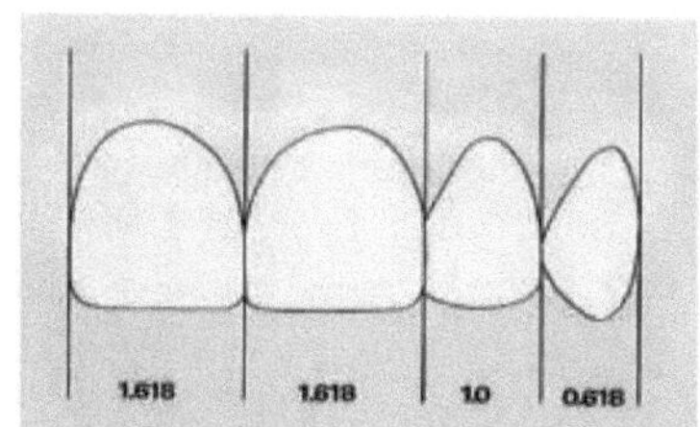

Fig.28 – Golden proportion

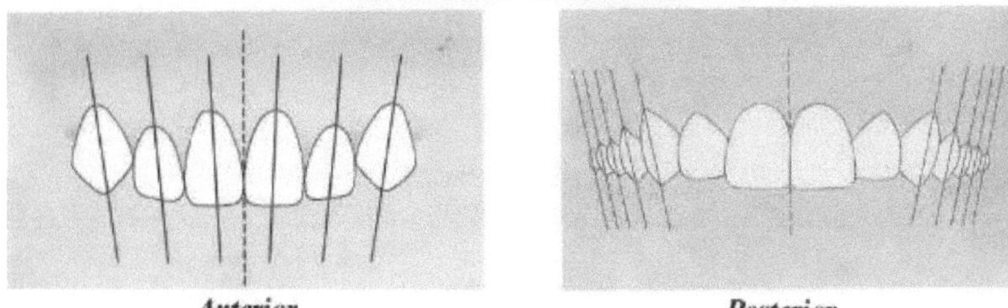

Anterior *Posterior*

Fig.29 – Axial inclination

Disposição dos dentes:

Os dentes anteriores, ao realizarem o suporte labial e muscular associado, permitem o cumprimento de requisitos estéticos, fonéticos e funcionais. Os métodos fonéticos utilizam a referência funcional das relações dos dentes anteriores maxilares e mandibulares para garantir a naturalidade na dinâmica da fala. A maioria dos autores baseia-se em vários pontos de referência anatómicos para a colocação dos dentes anteriores. A posição da papila incisiva pode ser utilizada como uma referência sólida, uma vez que tem sido observada como sendo pouco afetada pela reabsorção óssea.

•   A linha CPC:[46] (Fig.31) uma linha traçada a partir da ponta dos caninos bissecta invariavelmente o meio da papila incisiva em 92% dos casos. A distância desta linha até à superfície labial externa é, em média, de 10,2 mm.

•   Ortman et al[47] (Fig.32) afirmam que, a partir do bordo posterior da papila incisiva, esta distância é em média de 12,45 mm, com um desvio padrão de 3867 mm.

•   Uma afirmação semelhante foi feita em relação à primeira ruga palatina, cuja extremidade está localizada a 1,5 a 2 mm da superfície lingual do canino.

•   Vários clínicos (Fig. 33) observaram uma constante na distância medida da base do sulco até a ponta do incisivo superior. Isso fornece uma boa referência para o posicionamento desse dente no plano vertical.

•   **Forma da arcada:** (Fig. 34, 35 e 36) As variações individuais da forma da arcada foram arbitrariamente classificadas como quadradas, ovóides e cónicas, com a multiplicidade de combinações que a natureza proporciona. Parece que cada tipo de forma de arco assume um certo tipo de posição dentária. De acordo com a Academia de Prótese Dentária, os dentes anteriores devem manter algumas das irregularidades observadas na natureza. Isto é melhor alcançado pela colocação dos dentes de acordo com uma forma de arco que assegura uma variedade natural

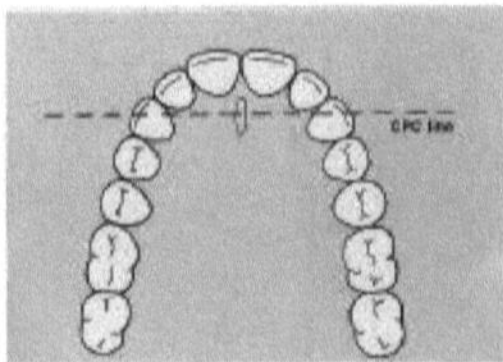

Fig.31– Canine papilla canine line

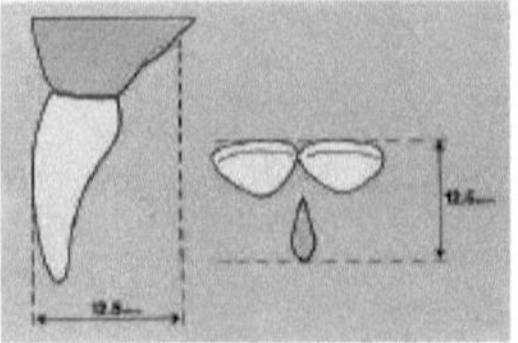

Fig.32 – Distance between incisal edge and incisor papilla

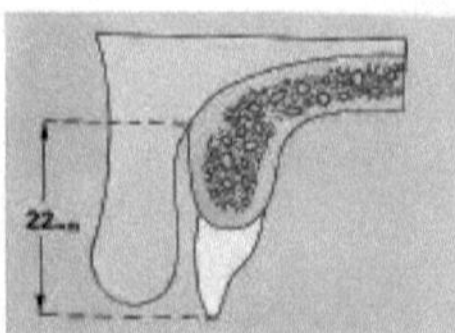

Fig.33- Distance between sulcus depth and incisal edge.

Fig.33- Distância entre a profundidade do sulco e o bordo incisal. bordo incisal e a papila incisiva
Fig.31- Linha canino-papila canino Fig.32 - Distância entre incisais

FORMULÁRIO ARCH

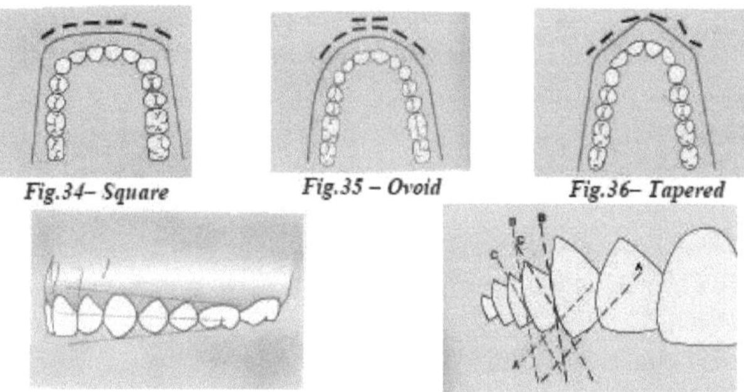

Fig.34– Square Fig.35 – Ovoid Fig.36– Tapered

Fig. 37 - Gradation

Fig. 37 - Gradação

Gradação (Fig.37)

Quando estruturas semelhantes são alinhadas uma após a outra, sofrem uma redução visual progressiva de tamanho da mais próxima para a mais distante.

O pré-requisito da **"progressão frente-trás"**[48] dos dentes é o alinhamento do contorno da superfície vestibular, 1/3 incisal, 1/3 mediano e, em menor escala, 1/3 gengival, bem como o alinhamento das inclinações incisal e mesiovestibular. A presença de um dente mal formado, as diferenças no comprimento do dente, as desarmonias gengivais e as restaurações coloridas criam problemas no que respeita ao efeito de gradação. O corredor vestibular ou espaço negativo lateral entre o contorno vestibular dos dentes posteriores e o canto da boca ajuda a obter o efeito de gradação ao alterar progressivamente a iluminação do dente. A progressão frente-atrás é determinada pela forma da arcada e um elemento-chave ou dente-chave, normalmente o canino ou o pré-molar, é um pré-requisito para assegurar a visualização do efeito de gradação.

Morfologia dentária

Os dentes têm sido geralmente definidos de acordo com o seu contorno bidimensional, mas a sua caraterização bem sucedida depende da avaliação e reprodução de caracteres tridimensionais[49]

Textura

Podemos avaliar a textura opticamente através da quantidade de luz reflectida ou desviada. A caraterização da superfície do dente é uma função de dois tipos de convexidades e concavidades:[50]

• Sulcos anatómicos, facetas e proeminências que existem em vários graus em qualquer superfície dentária.

• Os perikymatae, stippling e rippling que podem afetar a superfície do esmalte.

A qualidade de um dente artificial depende diretamente da mistura de efeitos de luz que produzem um resultado semelhante ao produzido por um dente natural

Forma dos dentes

O contorno médio dos dentes pode ser arbitrariamente classificado como quadrado, ovoide, cónico e misto, devido à influência das leis da harmonia propostas em 1914 por Williams,[51] , que estabeleceram uma relação entre o contorno da face e o contorno do incisivo central superior.

Foram propostas várias teorias baseadas em pontos de referência ósseos e dentários, no contorno facial dos tecidos moles e no contorno dos dentes, bem como na cor da face e no contorno dos dentes. Na ausência de documentação, como modelos antigos ou fotografias, a forma do dente, predominantemente o incisivo central superior, não sujeita a regras rígidas, deve ser selecionada de acordo com um desenho básico do dente e avaliada e corrigida no que diz respeito à sua integração com o ambiente facial.

Diagrama do contorno do dente (Fig.38)

A descrição da caraterística anatómica média dos dentes anteriores é importante porque fornece ao dentista normas geométricas básicas, sem restringir o sentido estético.[51]

Largura mesiodistal (Fig.39)

Esta dimensão é muito mais crítica do que a incisogengival para a colocação de dentes anteriores. O desgaste dentário proximal parece afetar a população envelhecida. No entanto, ao restaurar dentes, não se deve considerar o ajuste dos dentes à idade, mas sim recomendar vivamente que os pacientes recebam elementos dentários ortodônticos jovens.[51]

Altura incisogengival

Este valor dimensional é menos crítico do que a largura mesiodistal, uma vez que parece ser altamente

depende das situações clínicas. A atenção só se centra no comprimento do dente quando este ultrapassa um determinado grau de tolerância estética.[51]

Os principais factores determinantes do comprimento incisal são:

- Comprimento e curvatura do lábio superior
- Preferência do doente

Os determinantes acessórios do comprimento dos incisivos são:

- Plano posterior de oclusão
- Valores médios do comprimento anatómico da coroa para o incisivo central superior

Para devolver a juventude plena, as desarmonias raramente têm origem na largura ou no comprimento dos dentes, mas sim na seleção inadequada da cor, que aumenta de saturação com o avançar da idade.

A simulação da aparência natural que é defendida pelos especialistas em próteses dentárias é obscurecida pela regra de que os dentes, no seu comprimento e largura, devem estar relacionados com a idade do paciente. Como consequência, o desgaste progressivo dos dentes anteriores é considerado normal, até que os problemas da ATM fazem com que o dentista e o paciente se apercebam de uma patologia, bem presente ao longo dos anos, mas não reconhecida como tal e deixada sem tratamento. Por conseguinte, a restauração dos dentes anteriores na sua normalidade juvenil torna-se um pré-requisito para a restauração da função.

Perfil incisal

O aspeto agradável do incisivo central maxilar natural reside na sua pronunciada curvatura facial, em parte porque cria padrões de reflexão variados. O desafio de deslocar o bordo incisal é duplicar a sua aparência original e ainda preservar uma orientação anterior confortável e sem restrições. [52]O bordo incisal do incisivo central é a pedra angular a partir da qual o sorriso é construído, porque uma vez definido, serve para determinar as proporções dentárias correctas e os níveis gengivais.

Caracterização do segmento anterior (Fig.40 & 41)

O conceito de SAP de Frush & Fisher[52] precisa ser reavaliado. A inelutabilidade do desgaste dos dentes anteriores, juntamente com a progressão da idade, não é mais compatível com o desejo geral de prolongamento da juventude e com as possibilidades terapêuticas de manutenção funcional. Por isso, o comprimento dos dentes deve ser considerado um valor constante ao longo da progressão da idade.

De um ponto de vista morfopsicológico, os centrais concentram os traços concretos da personalidade, a força, a energia, a autoridade, o magnetismo, a apatia ou o retraimento, enquanto os incisivos laterais concentram os elementos abstractos da personalidade, como os artísticos, emocionais ou intelectuais. Os caninos exprimem a agressividade e o perigo animal, orientados pela ambição e pela obstinação, que na maioria das vezes é atenuada pela idade, introduzindo na forma do dente uma certa "maturidade".

Pontos de contacto (Fig.41 e 42)

É uma união ou junção de superfícies; o toque ou tangência aparente de corpos, contacto proximal.[2] As cristas marginais e as fossas marginais parecem ser auxiliares úteis na prevenção da impactação alimentar. No segmento anterior e numa vista frontal, os contactos estão situados numa posição que parece ir de incisal a cervical, do incisivo central superior ao canino.

É geralmente aceite localizar o contacto entre os centros no 1/3 mais incisal, um ponto que termina uma longa linha vertical de contacto interincisal. Esta linha serve de referência para a simetria e o equilíbrio dos dois lados. Se for traçada uma linha imaginária entre os pontos de contacto anteriores, esta forma uma curvatura que reforça fortemente a curva da linha incisal e a linha do lábio inferior.[53]

A coincidência direcional da linha de contacto, incisal e do lábio inferior fornece forças de coesão à composição dentofacial. Ao mesmo tempo, o grau de curvatura introduz forças segregativas na composição.

Anatomia do ponto de contacto

A forma do ponto de contacto, ou melhor, da área de contacto, na sua extensão oro-bucal e coronoapical, é diretamente influenciada pela morfologia dos dentes, pela sua largura e disposição. A forma oro-bucal do contacto dentário determina diretamente a forma do colo gengival, uma depressão microscópica na *papila* interdentária. Está contraindicado um alargamento oro-bucal da área de contacto que favoreça a formação de um colo de grandes dimensões.

Embrassuras ou espaços interdentários

A porção cervical da área de contacto, a parede interproximal dos dentes adjacentes e a papila interdentária formam a embrassura interdentária, um fator estético segregativo que assegura a harmonia da composição dentária. A gengiva interdental acompanha a forma do osso. Na região anterior, apresenta-se convexa, reduzida em largura e produzindo um formato piramidal e em ponta de faca; e torna-se mais plana na região posterior. Quanto mais próximas as raízes, mais altos e convexos são os tecidos interproximais entre elas e vice-versa.

A estética e a acessibilidade dos espaços para a higiene oral são inversamente proporcionais. Na área posterior, as embricaduras abertas favorecem a acessibilidade para a higiene oral e espaço suficiente para a gengiva, mas não permitem a impactação lateral de alimentos, desde que o contacto seja mantido.[54] Em todas as circunstâncias, quando existe uma estrutura dentária normal, juntamente com uma proximidade adequada da raiz interproximal e um estado periodontal sólido, a manutenção do espaço da embricadura depende diretamente da quantidade de preparação, da colocação da margem, da adequação da restauração, do perfil de emergência, do desenho do dente interproximal e da localização e largura da área de contacto.

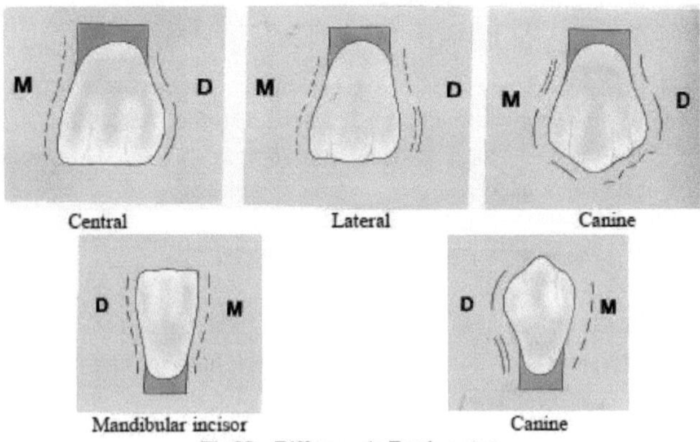

Fig.38 – Difference in Tooth contour

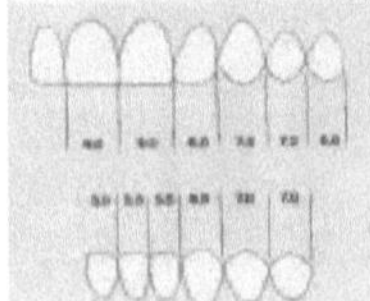

Fig.39 – Mesiodistal width

Fig.38 - Diferença no contorno do dente
Fig.39 - Largura mesiodistal

Fig. 40 SAP concept

Fig.41

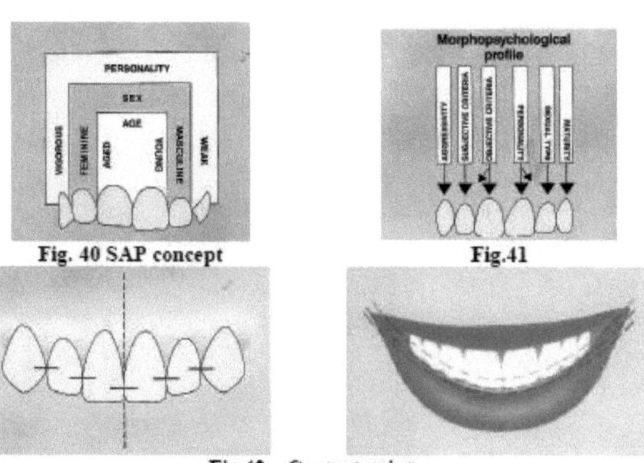

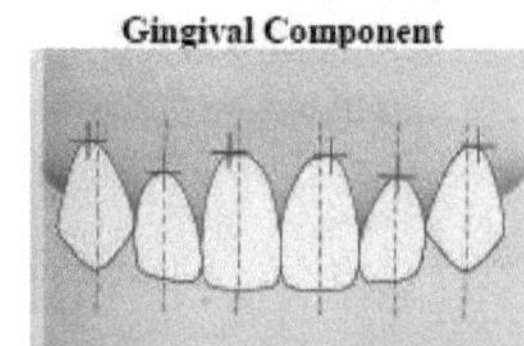

Fig.42 – Contact points

Gingival Component

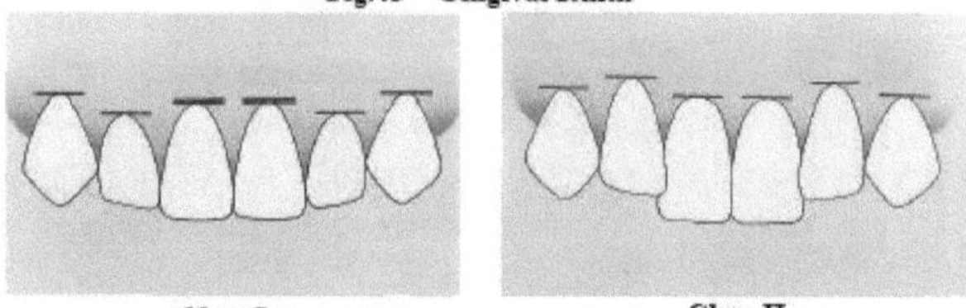

Fig.43 - Gingival zenith

Class I

Class II

Fig.44 – Gingival height

Fig.42 - Pontos de contacto Componente gengival

Fig.44 - Altura gengival

3. COMPONENTES GENGIVAIS

Morfologia gengival

A gengiva inicia-se na junção mucogengival (linea girlandiformis) e termina no colo do dente. Divide-se em gengiva livre e gengiva aderente.[55]

A gengiva livre divide-se em:

* *Gengiva marginal: que envolve a face vestibular e palatina dos dentes em uma largura média de O,5-2,0 mm.*

* *Gengiva interdentária/papila: extensão da gengiva marginal livre, cuja forma e tamanho são determinados pela relação de contacto dos dentes adjacentes e pela largura das superfícies proximais.*

A gengiva aderida apresenta o típico aspeto pontilhado de casca de laranja. A manutenção de um tecido periodontal marginal bom e saudável, proporcionando uma aparência estética agradável, requer uma largura mínima de 2 mm de gengiva aderida. As pigmentações estão confinadas à gengiva aderida.

Contorno gengival

A normalidade do contorno gengival é avaliada de acordo com quatro factores subsidiários:

Embrasures:

Em indivíduos saudáveis, o tecido gengival funde-se com o rebordo dentário, que é totalmente preenchido de vestibular para lingual. Infelizmente, tende a aparecer, geralmente após recessão gengival ou terapia periodontal, pelo desenvolvimento de um triângulo negro. A restauração de embrasures é crucial na medicina dentária estética.

Zénite Gengival[56] (Fig. 43) O ponto mais apical do tecido gengival está localizado distalmente ao longo eixo do dente nos incisivos centrais maxilares e caninos, enquanto nos incisivos laterais maxilares e incisivos mandibulares, está localizado ao longo do longo eixo.

Altura do Gingival (Fig. 44) Classe I

Na posição dentária de oclusão de Classe I, o tecido gengival marginal encontra-se a um nível paralelo ou simétrico em ambos os incisivos centrais, numa localização mais baixa nos incisivos laterais e ligeiramente mais alto e idealmente simétrico no canino·

Altura gengival Classe II: A localização média da posição gengival e dos dentes coordenados na Classe II ou pseudo Classe II, apresenta uma localização mais elevada da altura gengival nos incisivos laterais em relação aos incisivos centrais, com uma ligeira sobreposição dos laterais sobre os centrais

Simetria gengival

A simetria gengival dos incisivos centrais requer uma atenção especial. A simetria gengival entre incisivos laterais e caninos não é obrigatória, e a exibição unilateral da margem gengival livre de um incisivo lateral ou de um canino em várias posições do sorriso também é esteticamente aceitável.

4. COMPONENTES FÍSICOS (ILUSÕES)

A arte de criar ilusões consiste em alterar a perceção para fazer com que um objeto pareça diferente do que é na realidade. A utilização de conceitos ópticos para criar ilusões de ótica pode ser a melhor forma de resolver ou esconder uma situação esteticamente difícil. O controlo do fenómeno da reflexão da luz e do contraste das cores permite-nos criar ilusões e, assim, restabelecer proporções.

"A regra cardinal[57] é que tudo é relativo a outra coisa." (Fig.45)

O processo de perceção[58] é uma organização de dados sensoriais (estímulos visuais, auditivos, gustativos e olfactivos), que são levados ao intelecto onde é desenvolvida uma resposta em combinação com resultados de experiências anteriores ou crenças que são interpretadas inconscientemente. A perceção visual é um pré-requisito para a apreciação estética, da mesma forma que o exame visual é também uma rotina nas investigações clínicas normais.

A perceção visual é: (Fig.46)

- Aumento do contraste
- Aumento da reflexão da luz
- Diminuído pelo aumento da deflexão da luz

4.1 Princípios das ilusões

- *Princípio da iluminação: afirma que as sombras criam profundidade e a luz cria proeminências*[59]

A luz artificial unidirecional não projecta sombras e, por conseguinte, mostra apenas o comprimento e a largura, ao passo que a luz multidirecional projecta sombras, acrescentando uma terceira dimensão de profundidade.

- *Princípio das linhas: as linhas verticais acentuam o comprimento e as linhas horizontais acentuam a largura*

4.2 Direito do rosto

Sugere a alteração da forma da silhueta do dente, o que, por sua vez, altera a reflexão da luz e cria uma perceção de uma forma facial diferente.

A "face" de um dente é a área da superfície facial dos dentes anteriores e posteriores que é delimitada pelos ângulos das linhas de transição, que marcam a transição da face para as superfícies mesial, distal, cervical e incisal. A "face aparente" é a porção da face que é visível ao observador a partir de uma única vista.[60] A lei da face implica em fazer com que dentes diferentes pareçam semelhantes, tornando as faces aparentes iguais, através da criação de ângulos de linha de transição semelhantes. Quando os ângulos de linha não podem ser reposicionados numa restauração, a porção do dente pode ficar com uma coloração escura, promovendo o efeito de que o dente está a recuar.

4.3 Alteração da perceção do incisivo central superior

Estes princípios ópticos devem ser aplicados através do contorno dos dentes e da manipulação da cor.[61]

- Situação inicial (Fig.47)

- 3 proeminências labiais
- Ângulos de linha
- Convexidade cervical
- Linhas ou cristas verticais e horizontais

- *Ilusão de estreitamento (Fig.48)*

Modificação do contorno dos dentes:

Deslocar os ângulos de linha mesialmente

Aumentar a convexidade das proeminências centrais a nível mesiodistal

Aumentar moderadamente o comprimento da proeminência central

Aumentar as borrachas faciais

Realçar a textura e o brilho com linhas verticais e sulcos

Deslocar os contactos proximais para palatino

Rodar a parte distal para a língua

Modificação da cor dos dentes:

Aumento da coloração escura das áreas interproximais

<u>**Aplicações:**</u>

Para fechar diastemas

Para diminuir o espaço pôntico grande

Para controlar as proporções dos dentes

* ***Ilusão de alargamento (Fig.49)***

<u>**Modificação do contorno dos dentes:**</u>

Deslocar lateralmente os ângulos de reta

Diminuir a curvatura da proeminência central rnesiodistalmente / aplanar o contorno facial

Diminuir as borbulhas faciais

Textura e brilho elevados com linhas horizontais e estrias

Rodar o aspeto distal labialmente; sobrepor

<u>**Modificação da cor dos dentes:**</u>

Diminuir a coloração das áreas interproximais

<u>**Aplicações:**</u>

Para corrigir o apinhamento (resultado limitado)

Para aumentar o espaço pôntico estreito

Para melhorar as proporções dos dentes

Para corrigir coroas alongadas após cirurgia periodontal ou de implantes

* ***Ilusão de encurtamento (Fig.50)***

Modificação do contorno dos dentes

Ajustar a inclinação incisal para a língua

Realçar e deslocar a convexidade cervical coronalmente

Diminuir o comprimento da proeminência central

Achatar o 1/3 médio para alargar a superfície de reflexão da luz

Realçar a textura e o brilho com linhas horizontais e sulcos

Alteração da cor dos dentes

Escurecer o 1/3 da gengiva

Diminuir a coloração interproximal

<u>**Aplicações**</u>

Assimetria dos incisivos superiores

Pônticos longos

Para controlar as proporções dos dentes

Para corrigir coroas clínicas alongadas após cirurgia periodontal ou de implantes

* ***Ilusão de alongamento (Fig. 51)***

Modificação do contorno dos dentes

Aplanar e deslocar a convexidade cervical apicalmente

Aplanar a superfície labial gengivo-incisal

Aumentar o comprimento da proeminência central

Superfície labial redonda mesiodistalmente

Realçar a textura e o brilho com linhas verticais e sulcos

Alteração da cor dos dentes

Clarear a gengiva 1/3rd

Aumentar a coloração interproximal

<u>**Aplicações**</u>

Assimetria dos incisivos superiores

Para corrigir um incisivo central maxilar curto que não pode ser alongado cirurgicamente

4.4 Alteração da perceção do dente através de alterações no(s) dente(s) adjacente(s)

Situação clínica	Efeito	Mudar de perspetiva
Incisivo lateral curto	O incisivo central parece demasiado comprido	O incisivo lateral pode ser alongado
O incisivo lateral tem o mesmo comprimento que o incisivo central	Incisivos centrais de tamanho e relação de vontade adequados, mas o sorriso carece de dominância dos incisivos centrais.	Os incisivos laterais podem ser encurtados para melhorar as proporções
Deficiência congénita incisivos laterais	Canino na posição de incisivo lateral	Fazer com que o canino se pareça com o incisivo lateral e o primeiro pré-molar com o canino
Incisivos laterais são colocados palatalmente	Incisivos centrais olhar proeminentes.	Os laterais podem ser deslocados facialmente para melhorar o alinhamento
Os incisivos centrais com são palatinos ponta	Incisivos laterais aparecer colocados facialmente	Durante a restauração, utilize uma tonalidade mais clara para deslocar os incisivos centrais para o lado do rosto, de modo a realçar a sua domínio
Primeiro pré-molar é palatal ocupando uma posição mais elevada	Um canino tem um aspeto facial e proeminente	Mover o pré-molar facialmente para melhorar o alinhamento
Todos os dentes têm mesmo cromo	Aspeto monocromático de uma restauração canino a canino	Deve haver uma transição suave com uma saturação de cor progressiva dos centrais para os caninos. (A cor mais escura do canino deve misturar-se com o pré-molar)
Cromo superior de tratados incisivos centrais endodônticos	Central descolorido incisivos sem dominância	A dominância dos incisivos centrais é recriada através do clareamento dos incisivos centrais, o que confere unidade à composição

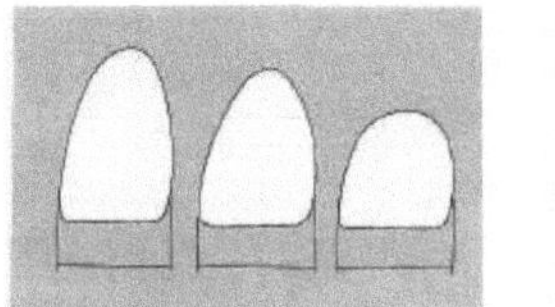

Fig.45

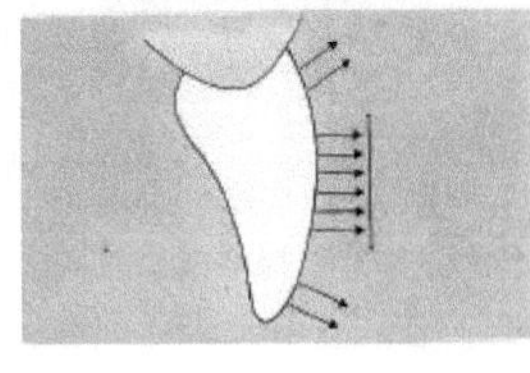

Fig.46 – Colour reflection

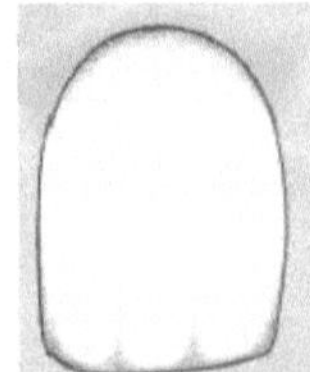

Fig.47– Initial situation

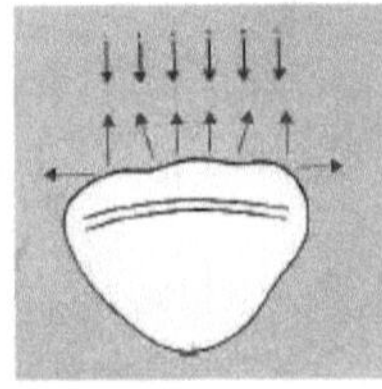
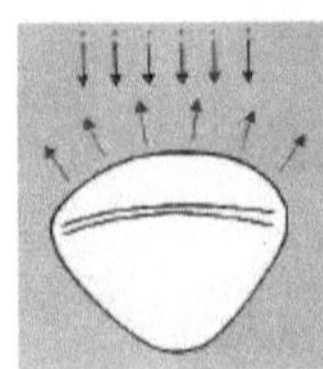

Fig.48 - Narrowing illusion

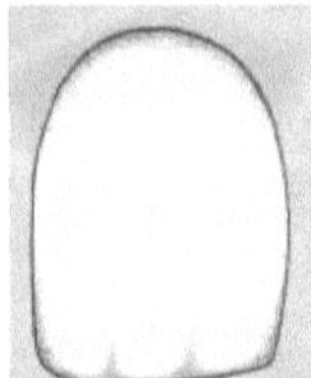

Fig. 49Widening illusion

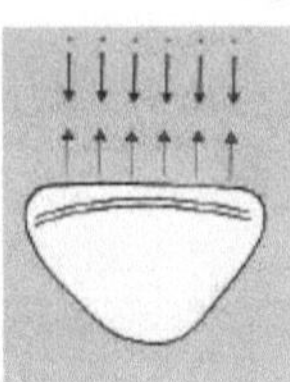
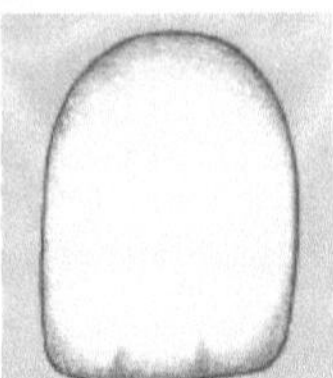

Fig. 50 Shortening illusion

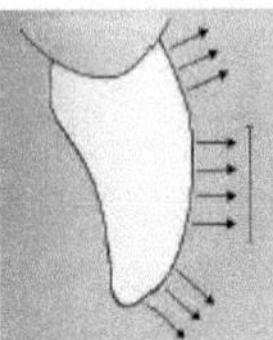
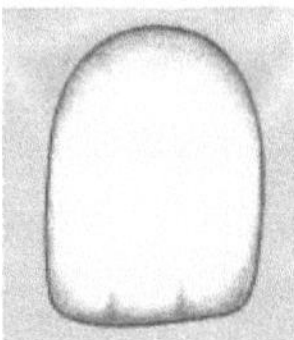

Fig. 51 Lengthening Illusion

32

CAPÍTULO III

COR

É um fenómeno de luz ou de perceção visual que permite diferenciar objectos que, de outra forma, seriam idênticos.[2] A perceção e a análise da cor é uma competência que pode ser ensinada e que pode ser melhorada com a prática. A cor não pode ser percebida sem luz, que é uma forma de energia electromagnética visível ao olho. O espetro visível da luz situa-se numa faixa estreita de 380m a 760nm.[62]

1. DIMENSÕES DA COR

A cor tem 3 dimensões:[62]

MATIZ, CROMA E VALOR

Matiz: Muitas vezes referida como a cor básica, a tonalidade é a qualidade da sensação segundo a qual um observador tem consciência dos diferentes comprimentos de onda da energia radiante. [2]É a dimensão que se refere a uma escala de percepções. Na linguagem comum, pode ser designada como uma gradação particular de cor, uma tonalidade ou um matiz. Nas palavras de Munsell *"é a qualidade pela qual distinguimos* uma *família de cores de outra."*[62] A ordem da tonalidade física é VIBGYOR, mas dentro do espetro visível, não existe uma demarcação clara entre linhas discretas. A fonte primária da cor natural dos dentes é a dentina e a sua tonalidade situa-se na gama do amarelo ou do amarelo-vermelho.

No guia de cores Vita, existem 4 tonalidades[62]

A" para castanho avermelhado

B" para amarelo avermelhado

C" para "cinzento

"D" para cinzento-avermelhado

Croma: A pureza de uma cor, ou o seu afastamento do branco ou do cinzento.[2] É a dimensão da cor que define a intensidade ou a concentração da tonalidade. Nas palavras de Munsell, *"é a qualidade pela qual distinguimos* uma *cor forte de* uma *mais fraca".* [62]Nos dentes, é determinada pela dentina e influenciada pela translucidez e espessura do esmalte. As cores pálidas têm um croma baixo, enquanto as cores intensas têm um croma alto. Por exemplo, na tonalidade "A" do guia de cores Vita, A 1 tem o croma mais baixo, enquanto A4 tem o mais alto. Os caninos têm normalmente um croma mais elevado do que os incisivos na mesma boca.

Valor: A qualidade pela qual uma cor clara se distingue de uma cor escura, a dimensão de uma cor que denota uma relativa negritude ou brancura.[2] *É a relativa negritude ou brancura da cor.* Numa escala de preto para branco, o branco tem um "valor elevado" enquanto o preto tem um "valor baixo" e todas as tonalidades entre o preto e o branco são cinzentas. O valor é a única dimensão da cor que pode existir por si só. As diferenças de valor podem ser notadas de forma mais proeminente e, por isso, têm mais significado relativo numa restauração dentária do que a tonalidade ou o croma. Na tonalidade "A" do guia de cores Vita, A 1 é a mais brilhante enquanto A4 é a mais escura.[62]

Avaliação das diferenças dimensionais

- Segundo os especialistas em correspondência de cores, as diferenças de tonalidade são as mais fáceis de detetar e as diferenças de valor as mais difíceis. Para avaliar as diferenças entre valor e croma, a educação e a formação tornam-se imperativas. A diferenciação entre valor e croma torna-se muitas vezes difícil, pois é fácil confundir-se. Para testar as diferenças de valor, recomenda-se o uso de um olhar semicerrado, que elimina o pormenor e reduz o campo de visão a uma condição mais acromática (incolor), facilitando a concentração nas diferenças de valor. Quando se comparam dois objectos e estes parecem mais diferentes quando se olha de soslaio do que quando se olha normalmente, é certo que existe uma diferença de valor. O estrabismo nem sempre é uma solução para os problemas de concordância, mas constitui um ponto de partida para a prática clínica.

2. PROPRIEDADES DA COR

• *Opacidade e translucidez: (Fig.52&53)* Quando a luz incide numa superfície e não consegue penetrar através dela, o objeto é opaco, se a luz é totalmente transmitida é transparente e quando a luz é transmitida mas provoca uma difusão suficiente para eliminar a perceção de imagens distintas, é translúcido. Os objectos translúcidos transmitem parte da luz incidente e dispersam a restante. A translucidez diminui com o aumento da dispersão no interior do material. É a representação espacial tridimensional da tonalidade. Os dentes altamente translúcidos são considerados de valor inferior, enquanto os dentes opacos têm um valor superior.[64]

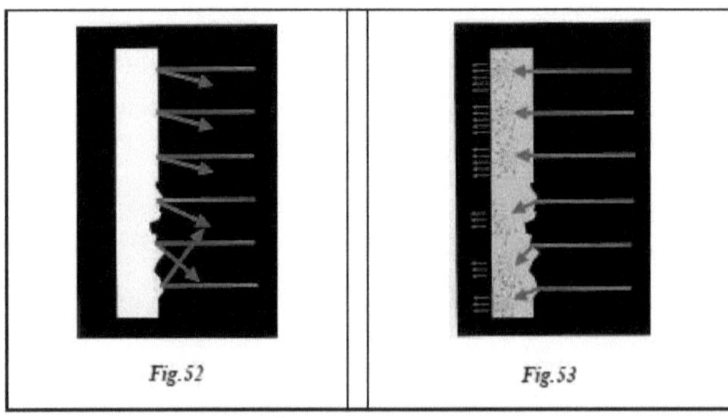

• *Metamerismo:* Objectos que têm curvas espectrais diferentes, mas que parecem coincidir quando vistos numa determinada tonalidade; o metamerismo não deve ser confundido com os termos "flair" ou "color constancy", que se aplicam à mudança de cor aparente exibida por uma única cor quando a distribuição espetral da fonte de luz é alterada ou quando o ângulo de iluminação ou de visão é alterado[2] . *A mudança na perceção da cor de dois objectos sob luzes diferentes é metamerismo.* [65]Dois objectos com curvas de distribuição espetral idênticas serão sempre iguais, independentemente da iluminação. Quando se tenta criar materiais diferentes com a mesma cor, não é fácil obter uma distribuição espetral idêntica, o que resulta em metamerismo. Estes objectos parecem ter a mesma cor sob determinadas condições de luz. A estrutura dentária, a porcelana e outros materiais de restauração com a cor dos dentes têm curvas de distribuição espetral diferentes. Devem, por isso, ser testados sob três fontes de luz: luz do dia, luz fluorescente branca fria e uma lâmpada incandescente.

Fluorescência: Processo pelo qual um material absorve energia radiante e a emite sob a forma de energia radiante de uma banda de comprimento de onda diferente, cujos comprimentos de onda excedem, na totalidade ou na maior parte, os da energia absorvida[2] . *A emissão de luz por um objeto com um comprimento de onda diferente do da luz incidente é designada por fluorescência.* [65]A emissão pára imediatamente, quando a luz incidente é removida. Os dentes fluorescem no espetro de cor azul, com um comprimento de onda de 340 nm a 410 nm.

• *Brilho: O brilho é uma reflexão específica da intensidade da luz numa superfície com o ângulo de incidência igual e oposto ao ângulo de reflexão[2] . É uma propriedade ótica que produz* um *aspeto lustroso da superfície, reduzindo assim o efeito da diferença de cor e aumentando o brilho.* [64]

3. PERCEPÇÃO DA COR

A capacidade de perceção e análise da cor pode ser ensinada e pode ser melhorada com a prática. A perceção da cor e a seleção da tonalidade são afectadas por diversas variáveis e envolvem muitos aspectos físicos, fisiológicos e psicológicos.[66]

• *Fonte de luz:* O ambiente de iluminação é importante para a perceção da cor. Se a luz de um determinado comprimento de onda estiver ausente ou for deficiente na fonte de luz, não pode ser reflectida para o observador, mesmo que o objeto seja capaz de refletir essa luz. Por conseguinte, é essencial iluminar um objeto com uma iluminação espetral completa, de modo a avaliar a sua cor com precisão.[66] O consultório dentário pode ser iluminado com luz solar natural complementada por luz artificial. É imperativo estabelecer um ambiente de iluminação semelhante tanto no consultório dentário como no laboratório do técnico, para que haja uma pureza de cor constante de luz branca. A luz do dia, embora ideal, não pode ser utilizada a todo o momento, uma vez que varia com o tempo, as condições atmosféricas e a estação do ano.

A temperatura de cor ideal para a seleção da tonalidade deve ser de 5500K a 6500K

Índice de restituição de cores (IRC)[67] : O ponto em que todas as tonalidades estão perfeitamente equilibradas recebe um IRC de 100. Para a correspondência de cores dentária, é desejável um CRI de 90 ou superior.

As lâmpadas fluorescentes normalmente utilizadas emitem cores com uma tonalidade verde que pode distorcer a perceção das cores, pelo que devem ser utilizadas luzes de funcionamento e lâmpadas fluorescentes com correção de cor.

Relação de contraste: O rácio entre a luz de trabalho e a luz ambiente é conhecido como rácio de contraste e deve situar-se entre 3: 1 e 10: 1. [67]

O consultório dentário deve estar sempre uniforme e adequadamente iluminado, com paredes de <u>cor cinzenta neutra </u>ou <u>azul pastel </u>e os tectos devem ter um valor Munsell[61] de 9 para uma reflexão máxima. As paredes devem ter um valor Munsell de, pelo menos, 7 e um croma inferior a 4.

• *O objeto:* A qualidade da cor de um objeto depende da sua capacidade de absorver, refletir ou transmitir a energia luminosa que incide sobre ele. A cor do objeto é muito influenciado pelo ambiente circundante .

• *O observador (visão cromática)* : O olho recebe as imagens visuais através da receção da luz, que dirige às células receptoras, *bastonetes e cones,* que convertem esta informação e a transmitem ao cérebro para interpretação.

Os cones estão concentrados na região foveal, que é o centro da visão mais aguda, mas os bastonetes encontram-se longe da fóvea e aumentam em número em direção à periferia da retina.

Existem três tipos de cones, cada um contendo um pigmento fotossensível com uma gama de sensibilidade à qual responderá. Os pigmentos respondem seletivamente às cores primárias aditivas do azul (445nm), verde (535nm) e vermelho (570nm), pelo que o sistema visual humano é capaz de receber a cor através do sistema de cores aditivas quando os pigmentos convertem a luz em sensação de cor. [68]

Por outro lado, a visão acromática é mediada pelos bastonetes. A melhor forma de avaliar o valor da visão é "desviar" o olhar da fóvea e apertar os olhos. Quando os olhos são estreitados, a luz admitida é diminuída e o foco torna-se menos agudo. Isto favorece o funcionamento dos bastonetes e os juízos de valor são reforçados.

Visão cromática defeituosa

A cor normal é designada por visão tricromática, uma vez que deriva de três pigmentos fotossensíveis.[69] O daltonismo total (monocromatismo) é muito raro; outros defeitos menos graves da visão cromática estão ligados ao sexo e afectam apenas cerca de 8% da população masculina. Os defeitos mais comuns ocorrem quando a pessoa consegue ver as três cores primárias, mas tem uma fraqueza ou confusão nalguma área, normalmente a vermelha ou a verde. É evidente que os defeitos cromáticos devem ser identificados pelos dentistas para que possam ser tomadas medidas correctivas.

Neqative after-imaqe

A capacidade de perceber a tonalidade correcta diminui continuamente com o tempo ou se olharmos fixamente para algo durante muito tempo. Quando a luz de um determinado comprimento de onda atinge os cones sensíveis ao estímulo, os pigmentos fotossensíveis envolvidos esgotam-se mais rapidamente do que podem regenerar-se, tornando o olho menos sensível à gama de tonalidades desse estímulo. A precisão dos julgamentos de tonalidade torna-se menos fiável através deste fenómeno denominado "adaptação da tonalidade".[70] Juntamente com a diminuição da capacidade de perceção de uma determinada tonalidade, o olho torna-se mais sensível às tonalidades complementares da gama adaptada. Por exemplo, um batom vermelho intenso pode fazer com que os dentes pareçam esverdeados, uma vez que a perceção do vermelho é reduzida.

Para ultrapassar o problema em situações clínicas, as comparações na seleção da cor não devem exceder a duração de 5 segundos. O olhar deve então ser desviado para um cartão de cor azul médio, para adaptar a visão ao azul e sensibilizá-la para o amarelo dos dentes. O olho pode então continuar a ser um recetor ativo

4. SELECÇÃO DE TONALIDADES

A seleção da tonalidade é um processo simultaneamente visual e cerebral. Para obter os melhores resultados, deve ser seguida a sequência lógica abaixo mencionada:[71]

4.1 Sombra básica

4.2 Variações básicas de tonalidade

4.3 Tonalidade, translucidez e localização do esmalte

4.4 Efeitos especiais

Sombra básica

A tonalidade básica do dente (ou matiz) deve ser avaliada fazendo corresponder o centro do dente natural com o separador de tonalidade que é aproximadamente o mais próximo. A primeira impressão é a mais importante porque o que surge espontaneamente mostra os melhores resultados. Em caso de dúvida, as duas pastilhas de cor mais próximas devem ser comparadas diretamente sob o dente natural[81,82]

• As tonalidades do grupo "A" são os tons de amarelo mais próximos do vermelho e são mais frequentes entre os jovens .

• As tonalidades do grupo "B" estão mais próximas do amarelo puro, localizam-se num extremo do espaço de cor do dente natural e representam apenas parcialmente as tonalidades naturais. Uma falsa perceção de amarelo também ocorre quando o dente natural é observado em contraste com um fundo cor-de-rosa ou vermelho.[81,82]

• As tonalidades do grupo "C" são susceptíveis de se enquadrarem num subgrupo da família "B" porque têm uma tonalidade algo comparável, mas com um valor inferior. Por conseguinte, são frequentemente observadas em pessoas de meia-idade e idosas ou em doentes com tetraciclinas.

dentes manchados . [81,82]

• Raramente nos deparamos com tons do grupo "D", mas são normalmente considerados um subgrupo da família "A" porque têm uma tonalidade algo comparável com um valor inferior. [81,82]

Nota: as tonalidades do grupo "C" ou "D" representam apenas exemplos isolados do valor mais baixo de uma determinada tonalidade do grupo "B" ou "A" e, como tal, não fornecem automaticamente o valor esperado quando uma tonalidade do grupo "A" ou "B"
é desejado um valor inferior. [81,82]

Variações básicas de tonalidade

Uma vez determinada a tonalidade básica, o passo seguinte seria detetar as suas variações de acordo com a localização no dente, a adição do laranja à tonalidade básica ou a incompatibilidade com os separadores de tonalidade padrão. [72]

• *Modificação alaranjada:* vários estudos demonstraram que a cor natural dos dentes se situa no intervalo da cor amarela ou alaranjada. O tom laranja é expresso no corpo do dente ou está confinado ao aspeto cervical.

• *Variação de acordo com a localização:* Nakagawa[73] et al mencionaram quatro grandes categorias de padrões de cor de acordo com a sua localização no dente.

Terço incisal: A variação mais frequente foi observada no terço incisal. As características da tonalidade básica no terço incisal devem ser avaliadas em termos da cor do mamelão, da cor da abrasão em caso de atrito, ou da continuidade com a tonalidade básica se não houver esmalte ou demarcação translúcida. A forma do mamelão tende a embotar e alargar com o avançar da idade e adquire uma tonalidade laranja-esbranquiçada. [72]

Uniforme: A categoria seguinte mais frequente foi a distribuição quase uniforme das sombras, resultando num aspeto monocromático.

Terço cervical: As variações cervicais podem corresponder ao aspeto cervical do separador de tons ou do separador de outro guia de tons, ou ser vistas como mais saturadas, mais alaranjadas ou mais claras em comparação.

Aspeto intermédio: os dentistas têm de determinar se a cor de base é uniforme ou se ocorrem variações de cor no corpo do dente.

Tonalidade, translucidez e localização do esmalte:

Uma vez determinada a tonalidade e as suas variações, a qualidade e a localização da cobertura de esmalte devem ser avaliadas separadamente, porque podem variar de esbranquiçado opaco a muito transparente. Também afecta o valor do dente. Os dentes de pacientes jovens podem ter tonalidades brancas com um valor elevado porque o esmalte pode ser altamente denso e refletor. Os dentes de pacientes de meia-idade e idosos podem parecer mais baços ou alaranjados porque o esmalte se torna translúcido ou quase transparente.[72] Em alguns casos, o esmalte possui uma qualidade semi-translúcida.

O esmalte do dente natural deve ser analisado em termos de valor e translucidez. Esta avaliação pode ser efectuada com as tabelas de cores convencionais ou com as tabelas de esmalte separadas disponíveis nos fabricantes. Amostras personalizadas de esmalte cozido também podem ajudar na avaliação.

Para obter a máxima individualidade na reconstrução estética, a opacidade da cobertura de esmalte deve aumentar quando se avança do incisivo central para o canino.

As zonas translúcidas do esmalte podem destacar-se ou ser vistas de forma menos distinta da cor básica do dente e foram classificadas por Sekine et al[74] em três grupos

Tipo A: A camada translúcida não pode ser discernida e está distribuída por todo o aspeto do dente.

Tipo B: A camada translúcida está presente apenas na zona incisal.

Tipo C: A camada translúcida está presente tanto na parte proximal como na incisal. Além disso, uma auréola no bordo incisal é produzida pela reflexão total da luz dentro dos limites do bordo incisal, resultando num contorno opaco.

Opalescência:

É um componente importante da cor percebida do esmalte. É causada pela dispersão da luz entre duas fases, nomeadamente os cristais de hidroxiapatite e a substância do esmalte, que têm índices de refração diferentes. Estes cristais, actuando como micropartículas mais pequenas do que o comprimento de onda da luz, dispersam a luz incidente. [75] Como resultado, sob luz incidente, os comprimentos de onda mais longos (laranja e vermelho) da luz são seletivamente transmitidos através do dente, enquanto os comprimentos de onda mais curtos são reflectidos na superfície do esmalte, produzindo o subtil brilho azulado, caraterístico da opalescência.

Efeitos especiais através da coloração[75] :

Coloração para alterar a tonalidade

Objetivo	Cor da mancha
Borda incisal Para intensificar a translucidez Para diminuir a translucidez *Mistura incisal-gengival* Para aumentar a translucidez incisal	Azul, azul-violeta, azul-verde (a tonalidade complementar diminui o valor e reduz o croma) Laranja, castanho-alaranjado, castanho (tons complementares adjacentes uns aos outros, que se realçam mutuamente. Também ajudam a criar uma terceira dimensão) Laranja, vermelho, amarelo, cinzento, branco (adicionar branco com moderação) Violeta (para um tom de corpo amarelo) Azul (para um tom de corpo laranja-acastanhado)
Croma de controlo Terço gengival Aumentar o croma Diminuir o croma	Amarelo ou laranja Vermelho, amarelo, azul (as três cores primárias em quantidades iguais, com ênfase na tonalidade a reforçar) Transparente (utilizar com moderação)
Valor de controlo Diminuir o valor (por exemplo: tonalidade amarela) Aumentar o valor	Tonalidade complementar da tonalidade pretendida (por exemplo: violeta) Não é possível

Coloração para adicionar caraterização:

Efeito pretendido	Cor da mancha
Descolorações aleatórias e manchas labiais	Branco, laranja, castanho, azul, amarelo
Fissuras e aberturas Sulcos e aberturas proximais Esmalte desgastado e dentina exposta Dentina exposta de fumador	Laranja a castanho (amarelo-laranja mais claro nos jovens; laranja queimado mais profundo à medida que o envelhecimento avança) De laranja a castanho Laranja-castanho ou castanho
Desgaste/erosão incisal	Amarelo-castanho
Fissuras no esmalte (pacientes jovens) Linhas de controlo Ranhuras e fossas (oclusais dos posteriores) e lingual dos anteriores) Descalcificação/hipocalcificação Mancha cervical/erosão gengival	Cinzento (distal), branco (mesial), amarelo, preto (para efeito de sombra) Castanho, preto, amarelo, laranja Castanho, preto, laranja, azul Opaco branco, amarelo, castanho, cinzento Castanho, amarelo, cinzento, verde-limão
Silicato ou compósito existente Contorno manchado A própria restauração	Laranja, castanho, cinzento (deve desvanecer-se irregularmente) Branco opaco, cinzento, amarelo, castanho

Coloração de amálgama	Cinzento, preto, azul

<u>*Orientações para a seleção da sombra*</u>

- Qualquer processo de modificação da cor, como o branqueamento ou a microabrasão, deve preceder a seleção da cor depois de garantir a sua estabilização.
- As manchas e depósitos devem ser limpos do dente e este deve ser mantido húmido enquanto a cor é determinada.
- A avaliação da sombra não deve ser efectuada nas seguintes circunstâncias
- i) Após a administração da anestesia
- ii) Após a preparação dos dentes estar concluída
- iii) Depois de uma consulta extenuante.
- A correspondência entre o valor, a translucidez, o croma e a tonalidade deve ser efectuada pela mesma ordem mencionada.
- Em caso de dúvida, seleccione sempre um valor mais elevado e um croma mais baixo, uma vez que é fácil baixar o valor e aumentar o croma.

COMUNICAR A COR

Se os princípios da cor forem compreendidos tanto pelo técnico como pelo dentista, a comunicação da cor torna-se muito mais simples. [76]

Os vários métodos de comunicação da cor são:

- *Guias de* sombras *modernas:*

Quando um dente se aproxima de uma determinada tabela de seleção de cores, mas apresenta caracterizações ou desvios, são utilizadas partículas de óxido de alumínio ou discos de esmeril para remover o esmalte da tabela de cores e podem ser aplicados, removidos ou modificados corantes até se obter o efeito adequado.

- *Guias de sombra personalizadas:*

De acordo com a Vryonis[77] , aproximadamente 85% das tonalidades podem ser combinadas com as guias de tonalidade existentes. Os restantes 15%, no entanto, não se enquadram na tonalidade das guias padrão, pelo que se torna necessário o fabrico de uma guia personalizada. Uma guia de cores personalizada, especialmente a que tem uma gama de cores alargada, pode ser muito útil. Ao contrário da maioria das guias de cor, uma guia de cor personalizada é feita do mesmo material que a restauração final, o que ajuda a diminuir o metamerismo. [72]

- *Esboços a cores:*

Ao desenhar zonas de cor e variações de translucidez, um conjunto de lápis de cor ou um marcador de linha fina podem ser muito úteis. Os desenhos requerem uma narrativa que descreva o significado de cada parte do desenho.[76]

- *Fotografias:*

É um dos melhores métodos de comunicação da cor. Dá uma descrição exacta e clara da translucidez relativa, da opacidade, das zonas de cor e das variações incisais. A cor mais verdadeira é obtida através de transparências a cores. Para obter uma cor mais eficaz, o separador da cor pretendida deve ser colocado junto ao dente e fotografado. A câmara intra-oral é também uma grande ajuda na comunicação da cor.

CAPÍTULO IV

DIAGNÓSTICO ESTÉTICO E PLANEAMENTO DO TRATAMENTO

Um diagnóstico estético exato, seguido de um plano de tratamento bem definido, constitui a base de um tratamento dentário estético bem sucedido. O plano de tratamento definitivo deve abordar os períodos de tratamento, as despesas, a sequência do tratamento e todos os aspectos relacionados com a função e a manutenção do que foi alcançado.

A maioria dos pacientes esteticamente motivados está ansiosa por iniciar o tratamento corretivo. No entanto, o seu entusiasmo ou auto-diagnóstico não deve influenciar o diagnóstico estético do dentista. É essencial que o paciente tome uma decisão firme, depois de lhe ter sido explicado minuciosamente a sua condição e os efeitos do tratamento, incluindo as vantagens e desvantagens de cada alternativa de tratamento.[78]

1. HISTÓRIA DO PACIENTE

As informações devem abranger os seguintes aspectos [78,79]

- História médica: alergias, doenças sistémicas, cirurgias anteriores, etc.
- História dentária: experiências dentárias anteriores, apreensões, expectativas, etc.
- História pessoal e social

2. EXAME CLÍNICO

Um exame clínico envolve uma avaliação exaustiva dos componentes faciais e temporomandibulares e uma avaliação da relação oclusal, da fixação periodontal, dos dentes e dos tecidos moles intra-orais. [78,79]

- *Componentes faciais* Forma do rosto, simetria ao longo da linha média, relações entre as várias partes do rosto, posição dos lábios e do queixo em relação ao aspeto frontal e lateral, relação das referências horizontais e verticais do rosto em relação aos dentes e às gengivas.
- *ATM: palpação* e auscultação de estalidos, crepitação, hipermobilidade e desvio.
- *Relações oclusais'* Padrão oclusal, tipo, contactos, disclusões e trajetória durante os movimentos mandibulares
- *Anexos periodontais:* Placa, cálculo, inflamação gengival, quantidade de gengiva aderente, recessões, hiperplasia, etc.
- *Dentes:* Cáries, restaurações existentes, descolorações, facetas de desgaste, erosões, etc.

3. AVALIAÇÃO ESTÉTICA

O quadro de análise a seguir abrange a análise facial, dentofacial, dentária e funcional. Caso sejam encontradas anormalidades nos tecidos moles, tecidos duros, ATM e padrão oclusal, deve ser feita uma avaliação minuciosa antes de se planejar o tratamento estético.[80,81,82]

Gráfico de análise visual

Facial		
Formas de rosto	Quadrado, redondo, oval, pera, cónico	
Perspetiva frontal	Sulco nasio-labial	Exagerado
	Sulco mento-labial	Normal
	Altura vertical	Adequado Mais Menos
	Lábios	Competente Incompetente Total
Dento-facial		
Linha interpupilar		Paralelo/não paralelo
		Paralelo/não paralelo
	Plano incisal Margens gengivais Maxila	Emperrar / não emperrar

Linha do lábio superior	Comprimento dos incisivos maxilares visíveis em repouso	<1mm 1 - 4mm >4mm
	Posição vertical das margens gengivais durante o sorriso	Baixa Média <u>Alta</u>
Linha do lábio inferior	Posição buco-lingual dos incisivos superiores	Tocar Não tocar Ligeiramente coberto
	Curvatura do plano incisal	Convexo Direto Côncavo/reverso
Linha média facial	Linha média dentária	Centro Direita do centro Esquerda do centro
	Eixo da linha média dentária	Direto Oblíquo
Sorriso moderado	Exposição gengival	<3mm >3mm
	Padrões gengivais	Estética Anti-estético

Espaço vestibular	Menos (arco expandido) Mais (arco contraído)
Visualização horizontal dos dentes	6/8/10/12 dentes

Dentária

Dentes	Restaurações deterioradas e deficientes Em falta Malformado Desalinhados (sobrepostos/alinhados) Violação do rácio largura/comprimento ou da proporção áurea Fracturas, lascas, atrito, abrasão Descolorido Diastema Migração patológica Supra-erupção
Gengiva	Inflamação Recessão, triângulos negros Hiperplasia Exposição gengival alterada Pigmentação Fixação das glândulas supra-renais

Funcional

Articulação hiperomandibular	Estalido articular, crepitação, hipermobilidade, luxação	
Movimentos mandibulares	Desvio ao abrir e fechar, movimentos bruscos	
Oclusão	Plano antero-posterior	Relações molares Relações caninas Relações incisais
	Plano vertical	Mordida aberta Mordida profunda Borda a borda
	Plano transversal	Rotação Mordida cruzada

Fonética		
Som de "S	Espaço de fala anterior Espaço de fala posterior	Adequado / deficiente Adequado / deficiente
Som de "F" ou "V Exposição incisal Som "M	Borda incisal do maxilar incisivo	Toques no vermelhão interior fronteira Toca no bordo exterior do lábio inferior Não toca no lábio inferior < 1mm 1-4mm >4mm

4. ANÁLISE DO ESPAÇO

A análise do espaço ajuda o dentista a conhecer a quantidade de espaço disponível durante a fase de planeamento do tratamento. O conceito consiste em medir a largura de todos os dentes e compará-la com o espaço presente na arcada. Os rácios normais entre o comprimento e a largura dos dentes devem ser tidos em conta e a lei das proporções áureas deve ser seguida de perto para evitar a violação das proporções naturais. [9] Deste modo, a manutenção do espaço para as restaurações em termos de ilusões, rotações, sobreposições, etc. pode ser efectuada conforme planeado.

5. ANÁLISE DE PERFIL

Os pacientes com problemas estéticos dentofaciais resultantes de problemas esqueléticos subjacentes podem ser identificados com a utilização da análise de perfil[83]

O perfil do paciente pode ser:

• Reto / Ortognático

• Convexo / Retrognático :

Devido a: - maxila prognática - mandíbula normal

- Maxila normal - mandíbula retrognática

Maxila prognática - mandíbula retrognática

Características: - altura facial inferior normal/aumentada/diminuída

        - Trapézio do lábio inferior, consoante a posição dos anteros inferiores

Sulco mentolabial profundo

- Côncavo / Prognático:

Devido a: maxila retrognática - mandíbula normal

- Maxila normal - mandíbula prognática

Maxila retrognática - mandíbula prognática

Características: aumento / diminuição da altura facial inferior

- Pode estar associada a uma relação oclusal habitual ou pseudo Classe III de Angle.

6. MEIOS AUXILIARES DE DIAGNÓSTICO

Moldes de estudo

Moldes de estudo exactos ajudam a dar os dados necessários relativamente às relações intra-arcos, como discrepâncias entre o comprimento do arco e o tamanho dos dentes; alinhamentos; angulações e relações inter-arcos, como a classificação de Angle,[84] sobremordida, sobressaliência, plano de oclusão, etc. Também revelam relações funcionais que envolvem interferências cêntricas e protrusivas, interferências do lado de trabalho e do lado de equilíbrio, facetas de desgaste, etc.

Radiografias

As radiografias IOPA e bitewing são utilizadas para detetar cáries interproximais, níveis e qualidade óssea, patologias periapicais, etc. As radiografias panorâmicas ajudam a analisar lesões patológicas, dentes impactados, angulações dos dentes, etc. A radio-visuografia tornou-se extremamente popular, uma vez que reduz a radiação em 80-90% e permite a visualização de vários ângulos diferentes.[85]

Câmara intra-oral

É uma ferramenta muito poderosa que proporciona uma visualização instantânea dos dentes do paciente. Tem a capacidade de transiluminar facilmente e registar fotograficamente microfissuras ocultas que podem determinar o plano de tratamento.[85]

Câmara extra-oral

Este dispositivo pode registar toda a moldura oral, incluindo a janela do sorriso, juntamente com a linha do sorriso, as linhas dos lábios, os espaços negativos, os desvios da linha média, as assimetrias gengivais, etc. Desempenha um papel importante no diagnóstico e planeamento do tratamento, autoanálise, comunicação laboratorial, gestão de doentes, marketing, fins médico-legais e documentação científica.[85]

Lupas de ampliação

Isto ajuda a observar as características do dente com precisão e em pormenor. As lentes de aumento de 2,5 dioptrias ou mais são consideradas ferramentas de diagnóstico extremamente valiosas.[85]

Análise oclusal T-scan

É um sistema computorizado que utiliza tecnologia de sensores para identificar a localização, o momento e a força relativa dos contactos oclusais.[85]

Registo periodontal

Nenhuma parte do exame estético é mais importante do que verificar a condição da estrutura óssea de suporte do paciente. O ligamento periodontal de cada dente é cuidadosamente sondado em seis locais e registado. Isto pode ser feito com uma sonda periodontal tradicional ou com um dispositivo eletrónico em que os dados são registados eletronicamente através de um sistema ativado por voz.[82]

Imagem por computador

Oferece um método sem paralelo de visualização da correção estética pretendida e do efeito que pode ter no rosto. Permite que os pacientes dêem as suas sugestões e é considerada uma ferramenta de motivação brilhante.[85]

7. TERAPIA INICIAL

Antes do planeamento do tratamento estético, é necessária uma terapia inicial para controlar as patologias activas, proporcionar saúde adequada à dentição ou aliviar a dor do paciente.[82]

- *Terapia periodontal:* controlo de toda a inflamação periodontal através de destartarização e alisamento radicular, substituição de restaurações e coroas salientes com margens e áreas de contacto impróprias, extração de dentes sem esperança periodontal e não estratégicos, alívio do "trauma de oclusão" através de trituração selectiva conservadora e utilização de talas oclusais.

■ *Terapia pulpar:* procedimentos endodônticos para dentes assintomáticos e sintomáticos com polpas necróticas.

■ *Distúrbios da ATM:* terapia com aparelhos ortopédicos para o tratamento conservador dos distúrbios da ATM.

8. PLANEAMENTO E SEQUÊNCIA DE TRATAMENTOS ESTÉTICOS

O plano de tratamento deve ser definido e deve abordar o período de tratamento, as despesas, a sequência do tratamento e todos os aspectos relacionados com a função e a manutenção do resultado esperado.

Podem ser sugeridos ao paciente muitos planos de tratamento para correção estética. É elaborada uma lista de problemas relacionados com os problemas dento-faciais. As soluções individuais para cada problema devem ser listadas e o seu impacto no resultado global.

Para compreender a atitude e as expectativas do paciente, o dentista pode então discutir com o paciente um "Formulário de Análise do Sorriso" preenchido[86] depois de ter reexaminado as radiografias com o dentista.

S.N.	Dentes	Sim	Não
1.	Num sorriso ligeiro, com os dentes entreabertos, as pontas dos dentes aparecem?		
2	Os seus dois dentes superiores da frente são ligeiramente mais compridos do que os dentes adjacentes?		
3	Os seus dois dentes superiores da frente são demasiado compridos?		
4.	Os seus dois dentes superiores da frente são demasiado largos?		
5.	Os seis dentes superiores da frente são iguais em comprimento?		
6.	Tem espaço entre os dentes da frente?		
7.	Os seus dentes da frente são salientes ou sobressaem?		
8.	Os seus dentes da frente estão apinhados ou sobrepostos?		
9.	Quando sorri amplamente, os seus dentes são todos da mesma cor?		
10.	Os seus dentes têm manchas brancas ou acastanhadas?		
11.	Se os seus dentes da frente tiverem obturações da cor do dente, estas alteram a cor dos seus dentes?		
12.	Um dos seus dentes da frente é mais escuro do que os outros?		
13.	Os seus seis dentes inferiores da frente estão direitos?		
14.	Os seus seis dentes frontais inferiores têm uma aparência uniforme?		
15.	Num sorriso completo, os dentes de trás ficam normalmente à mostra. Os seus dentes de trás estão livres de manchas e descolorações causadas por restaurações inestéticas?		
16.	Os pescoços dos seus dentes indicam erosão, um "V" dentado, que pode ser visto ou sentido com as suas unhas?		
17.	Quando sorri amplamente, o seu lábio superior sobe acima do colo dos seus dentes de modo a que as suas gengivas apareçam?		
18.	As suas restaurações - obturações, laminados e coroas - têm um aspeto natural?		

	Gomas		
19.	As suas gengivas são cor-de-rosa e "em forma de faca", ou estão vermelhas e inchadas?		
20.	As gengivas recuaram em relação ao colo dos dentes?		
21.	A curvatura das suas gengivas à volta de cada dente cria uma forma de meia-lua?		
	Respiração		
22.	A sua boca está livre de cáries ou doenças das gengivas que podem causar mau hálito?		

A sequência do tratamento é uma parte integrante do planeamento do tratamento. Consiste na distribuição dos procedimentos de tratamento de uma forma faseada, que será planeada de acordo com os períodos de cicatrização, a conveniência do doente e as modalidades de tratamento interdisciplinar. A sequência de tratamento pode ser alterada durante o tratamento, uma vez que algumas condições podem ter de ser revistas ou podem ser necessários determinados procedimentos adicionais para obter o resultado pretendido.

9. APRESENTAÇÃO FINAL DO CASO

Existem três métodos básicos para ajudar os doentes a visualizar as soluções sugeridas:[82]

- *Maqueta com cera macia da cor do dente ou resina composta*

A colocação direta de resina composta, juntamente com a utilização de marcadores intra-orais, pode funcionar bem em situações simples, uma vez que proporciona um meio visual tridimensional para o paciente ver o resultado final e concordar com o tratamento. Os movimentos funcionais na boca também podem ser verificados nesta altura para determinar quaisquer potenciais obstruções ou dificuldades oclusais.

- ***Enceramentos de diagnóstico em moldes de estudo***

Provavelmente, o melhor método e aquele que tem sido testado ao longo do tempo é preparar um wax-up de diagnóstico e examiná-lo com o doente. Este enceramento pode ser avaliado pelo doente diretamente sobre os moldes de diagnóstico do articulador e também intra-oralmente com a utilização de sobreposições de acrílico e matrizes de acetato.

Imagem por computador

As imagens digitais são agora possíveis graças à tecnologia atual. Num caso particular, a melhoria estética com uma mudança de disposição, forma, formato e cor pode ser demonstrada rapidamente. Isto ajuda a fazer uma referência rápida que pode levar a futuras criações artísticas.[82]

10. CONSIDERAÇÕES FISIOLÓGICAS/BIOLÓGICAS

O que vale um sorriso novo se não durar muito tempo, por mais agradável que uma restauração dentária possa parecer, mas se for destrutiva para o sistema biológico, é "feia". A forma e a função estão intimamente ligadas. A região anterior da boca apresenta um desafio duplo porque lida não só com o sistema de orientação anterior vital, mas também com a área mais predominante da estética. Ambos os objectivos têm de ser cumpridos.

A sequência mais segura de tratamento de uma boca até à função bioestética é a seguinte[87]

- Bom diagnóstico e planeamento do tratamento Educação dos doentes
- Tratamento do periodonto
- Estabilização das relações craniomandibulares em relação cêntrica
- Restauração dos dentes anteriores para uma função bioestética Restauração dos dentes posteriores para uma função fisiológica natural

- Manutenção regular pós-tratamento

11. CONSIDERAÇÕES OCLUSAIS

A morfologia dentária é totalmente genética e não está relacionada com a raça ou o género. A natureza produz uma morfologia dentária acentuada nas superfícies anterior e posterior dos dentes, pelo que é necessário ter uma morfologia de coroa não desgastada para uma boa estética e função[88] . A morfologia natural da coroa dos dentes anteriores e posteriores desenvolve-se cedo na vida, antes da erupção do dente na cavidade oral. No entanto, os outros componentes do sistema gnatostomático, incluindo as articulações, ligamentos, músculos, maxila, mandíbula e outros ossos faciais cranianos, continuam a mudar significativamente muito depois de a morfologia oclusal dos dentes estar completa. Esses componentes em mudança, como as articulações temperomandibulares, a maxila e a mandíbula, são predeterminados pela genética. Os componentes esqueléticos, no entanto, estão sujeitos a modificações por factores ambientais, como a postura anormal da mandíbula devido a uma má oclusão, o sono facial, a deglutição anormal, a sucção do polegar e outros hábitos anormais.

Os dentes maxilares e mandibulares naturais e restaurados devem ter uma relação de contacto funcional máxima que resulte numa distribuição uniforme da carga em posições estáticas e dinâmicas, conduzindo a um trauma mínimo dos dentes e das estruturas de suporte.

Forças sobre a dentição

A musculatura peri-oral e a língua exercem uma força constante sobre os dentes. Em oclusão completa, o lábio inferior e o lábio superior repousam contra a superfície vestibular dos incisivos superiores. O lábio inferior ajuda a manter os dentes superiores contra os dentes anteriores da mandíbula, enquanto a língua mantém os incisivos inferiores contra os incisivos superiores num estado de equilíbrio, designado por

"Zona Neutra" (Fig. 1) O espaço potencial entre os lábios e as bochechas de um lado e a língua do outro; a área ou posição onde as forças entre a língua e as bochechas ou os lábios são iguais[2] . Esta relação lábios-dentes-língua ajuda a produzir um selo de pressão negativa durante a mastigação e a deglutição, e também estabiliza as posições dos dentes.[88]

A direção e a dissipação da carga ajudam a fazer a diferença nas forças exercidas sobre a raiz ancorada e o osso circundante. O processo de direcionar as forças oclusais através do longo eixo do dente é designado por _"carga axial"._[89] A carga vertical causa menos stress em comparação com a carga lateral. Um exame minucioso mostrou que os caninos são mais adequados para aceitar forças horizontais durante movimentos excêntricos, uma vez que têm a melhor relação coroa/raiz e osso compacto denso à volta das raízes.

A força máxima de mordedura situa-se no intervalo de 30-50 psi para os incisivos, 47-100 psi para os caninos e 127-250 psi para os molares.

Movimentos mandibulares:

Os movimentos mandibulares são influenciados pela anatomia das fossas mandibulares e da cabeça do côndilo, pela forma das eminências articulares, pela musculatura, bem como pela fixação e movimento dos discos articulares.[90]

Movimentos funcionais: (Fig.2) Os movimentos funcionais ocorrem durante a atividade funcional da mandíbula. Eles ocorrem em todos os três planos. Quando os movimentos mandibulares nos três planos, ou seja, sagital, horizontal e vertical, são combinados, obtemos um "Envelope de Movimento" tridimensional.[90] O tamanho real do movimento mandibular funcional no plano horizontal ocorre numa pequena área em forma de diamante, apenas 3 mm para a direita, para a esquerda e para a frente.

' *Movimentos parafuncionais.*' A causa do desgaste oclusal e das forças excessivas. Podem estar relacionados com factores locais, como a má oclusão, ou com factores sistémicos, como a paralisia cerebral e a epilepsia, ou ainda com o stress e a profissão. O bruxismo, o cerramento e o impulso parafuncional da língua são parafunções importantes que o dentista deve considerar durante o planeamento.[90]

Tipos de articulação

Oclusão equilibrada: O contacto oclusal bilateral e simultâneo dos dentes anteriores e dentes posteriores em movimentos excursivos[2] . *Nesta* oclusão, todos os dentes contactam em todas as excursões. É principalmente uma oclusão de dentadura. Os exemplos que ocorrem naturalmente são casos de atrição avançada.[91]

Oclusão mutuamente protegida/guiada por caninos: Um esquema oclusal em que os dentes posteriores impedem o contacto excessivo dos dentes anteriores em posição inter-cúspide máxima, e os dentes anteriores desocultam os dentes posteriores em todos os movimentos excursivos da mandíbula[2] . Quando a mandíbula é movida numa excursão laterotrusiva direita ou esquerda, apenas os caninos maxilares e mandibulares fazem contacto e dissipam eficientemente as forças horizontais enquanto desocultam os dentes posteriores. [96,97,98] Os caninos são os mais adequados para o efeito, pois têm raízes grandes, osso circundante denso e accionam menos músculos durante a atividade excêntrica, diminuindo as forças sobre a dentição e a ATM.[91]

Função de grupo: Múltiplas relações de contacto entre os dentes maxilares e mandibulares em movimentos laterais no lado de trabalho, em que o contacto simultâneo de vários dentes actua como um grupo para distribuir as forças oclusais[2] . Existem contactos entre os dentes maxilares e mandibulares no lado de trabalho em movimentos excêntricos. O lado não funcional desoclui completamente. [91] Esta é a alternativa mais favorável à orientação do canino no caso de o canino não estar disponível ou estar periodontalmente comprometido. A função de grupo mais desejável consiste no canino, pré-molares e, por vezes, na cúspide mesiobucal do primeiro molar.

Relação cêntrica (Fig.3)

É definida como a posição completamente retruída da mandíbula com os côndilos na sua posição anterior mais superior em qualquer posição de rotação vertical da mandíbula.[91]

A RC tem sido considerada clinicamente como a melhor localização para a máxima intercuspidação dos dentes. Numa boa oclusão, todos os dentes da boca (anteriores e posteriores) fazem contactos simultâneos. Os dentes anteriores nunca devem entrar em contacto com mais força do que os posteriores, caso contrário pode produzir-se frémito com possível trauma endodôntico e periodontal e/ou separação interproximal dos dentes. Normalmente, os contactos oclusais nos dentes anteriores em RC não são amplos, mas sim dois ou três pontos por dente nos incisivos e um em cada canino. A área total de contacto foi estimada em cerca de 4 mm para toda a boca, incluindo todos os dentes anteriores e posteriores.

A estabilização da relação craniomandibular na RC é importante para o conforto, função e longevidade das restaurações dentárias. .

Sobremordida anterior (Fig.4)

Os dentes anteriores maxilares estão normalmente posicionados labialmente em relação aos dentes anteriores mandibulares. Os dentes anteriores maxilares e mandibulares *estão* inclinados na direção labial, variando de 12 a 28 graus em relação a uma linha de referência vertical.

Em dentes bem relacionados, a sobremordida vertical *dos incisivos* centrais superiores varia *de* 4-5mm quando os dentes *estão* em oclusão completa. A sobremordida horizontal *dos* incisivos superiores é de 2-3mm em oclusão completa[91]

Diferentes padrões de desenvolvimento e crescimento podem causar variações:

■ Quando uma pessoa tem uma mandíbula subdesenvolvida (relação molar de classe II), os dentes anteriores da mandíbula tocam frequentemente no terço gengival *das* superfícies linguais *dos* dentes superiores *(sobremordida profunda)*.

■ Nas pessoas em que pode haver um crescimento mandibular proeminente, os dentes anteriores mandibulares *são* frequentemente colocados para a frente e em contacto com os bordos incisais *dos* dentes anteriores maxilares (relação molar de classe III). A isto chama-se relação borda *a borda*.

■ Outra relação de dentes anteriores é aquela que tem uma sobreposição vertical negativa. Por outras palavras, com os dentes posteriores em máxima intercuspidação, os dentes anteriores opostos não se sobrepõem *ou* nem sequer se tocam. Esta relação anterior é chamada de *mordida aberta anterior.* Numa pessoa com uma mordida aberta anterior pode não haver contactos dos dentes anteriores durante o movimento mandibular (Fig.5, 6, 7)

Orientação anterior

É a relação dinâmica dos dentes anteriores inferiores contra os dentes anteriores superiores em todas as gamas de função. De facto, estabelece os limites de movimento da extremidade anterior da mandíbula.

As relações anteriores devem ser determinadas com extrema precisão, pois não só causam desconforto e aparência de artificialidade, como também dentes anteriores incorretamente restaurados podem provocar a destruição de toda a dentição. [91] Quando a sua posição o permite, os anteriores devem ser feitos para formar um batente muito estável para a frente da mandíbula, limitando assim o seu movimento de fecho.

A orientação anterior é de dois tipos: [91]

■ *Orientação incisal* (em movimentos protrusivos-retrusivos): a sua principal importância é a incisão correcta, bem como as posições de repouso e as funções de fala.

■ *Orientação do canino* (em movimentos laterais mediotrusivos): a principal importância da orientação do canino é ajudar a evitar interferências laterais excêntricas dos dentes posteriores e permitir que os côndilos se movam desinibidamente ao longo das suas trajectórias fronteiriças nas fossas, bem como orientar os fechos da mandíbula mais verticalmente para carregar os dentes posteriores no seu longo eixo.

12. CONSIDERAÇÕES PERIODONTAIS

Um ambiente periodontal saudável com volume de tecido suficiente para preencher os espaços interproximais é um elemento essencial para uma estética anterior ideal. A forma do dente, o comprimento incisogengival, a largura mesiodistal e as áreas de contacto orientam a posição gengival na dentição natural.

Largura biológica (Fig.5)

A largura combinada do tecido conjuntivo e da ligação epitelial juncional formada adjacente a um dente e superior ao osso da crista.[2] Gargiulo et al[92] demonstraram, em espécimes de autópsias humanas, uma relação de dimensão proporcional entre a junção dentogengival e os outros tecidos de suporte dentário. A profundidade sulcular média foi de 0,69mm, o comprimento médio do epitélio juncional foi de 0,97mm e a fixação do tecido conjuntivo fibroso foi de 1,07mm (com uma variação de 1,06-1,08mm). Desses três componentes teciduais, a inserção de tecido conjuntivo fibroso supracrestal apresentou a menor variabilidade. A largura combinada da inserção do tecido conjuntivo e do epitélio juncional foi, em média, de 2,04 mm e foi designada por *"Largura Biológica"*[92].

A importância de não violar esta dimensão fisiológica foi sugerida por Ochsenbein e Ross[93] e salientada por outros autores. Quando a colocação da margem invade a largura biológica, pode ocorrer recessão gengival ou formação de bolsa e doença periodontal, dependendo da espessura da gengiva queratinizada e do osso subjacente. A invasão da largura biológica pode resultar na migração apical da unidade dentogengival com recessão gengival e pode ser auto-limitada. Com um osso relativamente mais espesso, pode resultar na migração apical da inserção epitelial e na formação de bolsas.

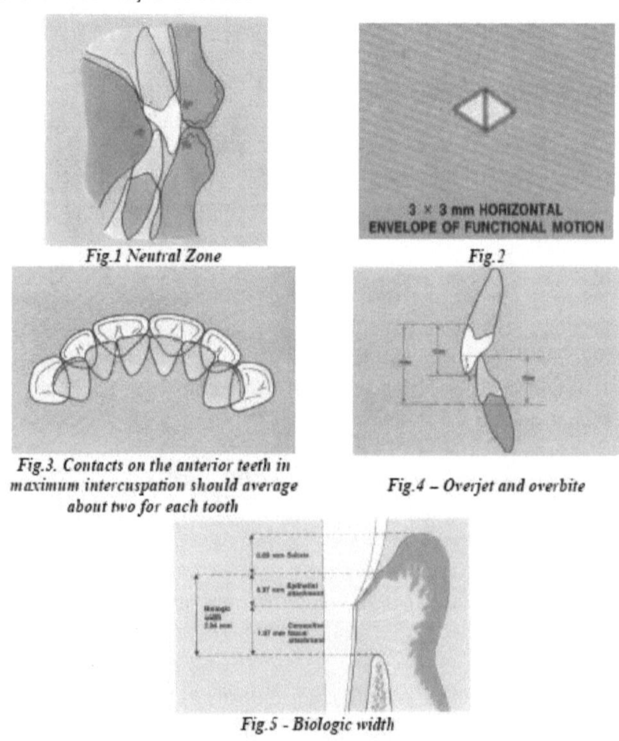

Fig.1 Zona neutra

Fig.3. Os contactos nos dentes anteriores em máxima intercuspidação devem ser, em média, cerca de dois por cada dente

Fig.4 - Overjet e sobremordida

Fig.5 - Largura biológica

REVISÃO DA LITERATURA

A evolução da estética dentária é uma viagem rica e fascinante através do tempo. Desde o início da humanidade, os seres humanos têm vindo a utilizar vários métodos, de uma forma ou de outra, para substituir os dentes em falta. Por volta de 700 a.C., os etruscos usavam marfim e osso ou mesmo dentes humanos ou de animais para fazer dentaduras. Mais tarde, até o ouro foi utilizado para fazer uma coroa e uma ponte dentárias. [thth]A medicina dentária cosmética era também predominante entre os antigos egípcios. Nos séculos XVIII e XIX, assistiu-se a uma grande melhoria na medicina dentária protética que ajudou a abrir caminho para os procedimentos dentários cosméticos modernos.

1)   Dicionário Oxford-7th Edição

2)   Glossário de Dentisteria Protética-9th Edição

3)   Literatura Inglesa Russa-Polonsky-Universidade de Cambridge-1998 Nov 5

4)   **Pierre Fauchard 1997-** No início dos anos 1700, a medicina dentária sofreu muitas alterações. A introdução de novos materiais e técnicas permitiu aos dentistas fazer maravilhas na restauração e retenção de dentes. A ênfase numa melhor estética, em próteses mais funcionais e num maior controlo da dor levou à introdução de materiais e técnicas.

5)   **Vines et al 1958** - A porosidade interna de cerâmicas moldadas antes da fusão foi melhorada por três técnicas de queima: (1) queima *no vácuo*, (2) queima em gás difusível, e (3) queima de acabamento e arrefecimento sob pressão. Um método de medição do volume e da textura dos poros contribuiu para a compreensão da mecânica de funcionamento destes processos. Isto levou ao reconhecimento dos requisitos do processo de cozedura para diferentes porcelanas, dependendo do seu conteúdo cristalino, viscosidade amadurecida, condições de serviço e especificações de desempenho.

6)   **Weinstein et al 1962-** As porcelanas dentárias podem ser classificadas em porcelanas de alta e baixa fusão. As porcelanas de alta fusão fundem-se acima de 1800 F. As porcelanas ideais são as porcelanas de alta fusão, que se verificou serem mais resistentes ao choque térmico e mecânico e à erosão pelos fluidos da boca. Atualmente, as únicas porcelanas dentárias de alta fusão conhecidas têm um coeficiente de dilatação de cerca de 75 l0 até ao intervalo de recozimento. Estas porcelanas foram fundidas a metais com o coeficiente de dilatação mais próximo, nomeadamente as ligas de irídio-platina, que têm coeficientes de dilatação de cerca de lOO 10 até à temperatura de recozimento da porcelana

7)   **Mc lean e Sced 2001** - A porcelana dentária molha e adere a qualquer metal **limpo** e sem gás. O primeiro **sistema de coroa** reforçada com folha de alumínio comercialmente viável foi desenvolvido por **McLean** e **Seed.**

8)   **Rufenacht 2000** - O autor descreve e ilustra procedimentos para a integração de restaurações dentárias na composição facial individual, no que diz respeito aos requisitos biológicos, funcionais e estéticos. Dada a crescente preocupação dos pacientes com a estética, todos os profissionais, desde o dentista geral ao especialista, devem adquirir um conhecimento sólido e prático dos princípios, critérios e factores que geram beleza nas composições dento-faciais.

9)   **Lombardi 1973** - Existe uma necessidade real de uma abordagem muito pormenorizada, quase histológica, da estética dentária. De facto, os princípios da perspetiva podem ser considerados como os elementos celulares dos quais o tecido da estética da prótese é composto. À medida que a familiaridade com os princípios aumenta, também aumenta a proficiência na sua aplicação. Com a experiência, a forma básica e as características da disposição dos dentes dentários podem ser visualizadas mesmo antes de um único dente ser colocado em cera. Tudo o que resta é um exame pormenorizado durante a prova para procurar pequenos conflitos de perspetiva, o que também se torna uma tarefa menos difícil com o treino do olho para ver realmente.

10) **Frutwangler 2011** - A estética é de extrema importância no cenário atual, no mercado existem muitos materiais novos, como todas as cerâmicas e compósitos, que podem melhorar o sorriso do paciente, mas sem entrar no aspeto material, apenas incorporando os vários

princípios estéticos do desenho do sorriso, é necessário analisar o quanto de uma mudança pode ser realmente provocada. Assim, este artigo dá-lhe uma visão sobre estes princípios estéticos, apresentando alguns casos; em que alguns dos princípios da estética precisam de ser incorporados para obter um sorriso verdadeiramente maravilhoso

11) **Isiksal E 2006** - Largura da <u>dentição</u> visível em relação ao rácio da largura do sorriso e A distância intercaninos em relação ao rácio da largura do sorriso foi significativamente diferente entre os grupos, com os pacientes de extração a apresentarem uma arcada dentária ligeiramente mais larga em relação aos tecidos moles

12) **Olsson 1961** - Foram analisados roentgenogramas **cefalométricos** de 87 estudantes de odontologia do sexo masculino. A linha násio-sela, a linha de Frankfort, a linha de Camper e a linha oclusal da maxila foram marcadas em papel vegetal. Os ângulos médios entre essas linhas foram calculados, e os ângulos foram classificados de acordo com a magnitude da variação.

As medições das inclinações das trajectórias dos côndilos em relação a algumas linhas de referência podem ser "traduzidas" de forma aproximada em relação a outras linhas de referência através destes valores angulares médios. Também é possível comparar as indicações dos valores médios das inclinações das trajectórias dos côndilos com as de outras investigações

13) **Ow R.K 1989** - Foi efectuado um estudo de 28 adultos chineses (de Singapura) dentados, utilizando radiografias laterais do crânio. Foram analisadas as dimensões dos maxilares e várias linhas de referência craniofaciais relacionadas com o uso protético. Os ângulos de referência craniofaciais que reflectem a altura vertical e a profundidade horizontal dos maxilares em adultos chineses diferiram significativamente das normas obtidas numa população adulta branca norte-americana. Em comparação, os adultos chineses têm uma face superior verticalmente alta e horizontalmente recuada, o que pode fazer com que planos como o plano horizontal de Frankfort ou um plano arbitrário de eixo orbital assumam uma inclinação anterior mais acentuada, modificando assim a inclinação mecânica do molde maxilar e do plano oclusal no articulador.

14) **Fletcher 1985 -As observações** de uma população chinesa parecem indicar que existem certas diferenças étnicas que podem invalidar a utilização de articuladores dentários construídos como resultado de medições efectuadas numa população caucasiana. Um grupo de estudantes caucasianos tinha sido examinado num estudo anterior. Modelos de estudo superiores e inferiores dos maxilares de um grupo de estudantes chineses de Singapura foram articulados na posição dentária num articulador Dentatus ARL. Foram feitas medições do ângulo entre o plano oclusal e o plano de Frankfort, o S. C. G. As e o ângulo de Balkwill. Os resultados indicam que existem diferenças anatómicas consideráveis entre estes dois grupos étnicos distintos

15) **Asad S 2011 - Na** análise cefalométrica e fotográfica, foram utilizadas várias linhas de referência para avaliar a posição anteroposterior dos lábios superior e inferior: Neste estudo, o objetivo foi determinar a posição antero-posterior dos lábios na fotografia utilizando a linha E e a linha S em pacientes com perfil ortognático e estabelecer a correlação entre a proeminência labial avaliada pela linha E e pela linha S. O estudo foi efectuado em 90 indivíduos, com perfil ortognático avaliado por um protésico, cirurgião oral, patologista oral e dentista geral e confirmado por um cefalograma lateral, com idades compreendidas entre os 12 e os 30 anos. E-Line & S-Line foram desenhados na fotografia para avaliar a proeminência do lábio superior e do lábio inferior. O programa SPSS 16.0 foi utilizado para a

avaliação estatística. A posição ântero-posterior do lábio superior e inferior em relação à linha E foi de -1,9±3,33 mm, -0,4±3,24 mm, respetivamente, e a posição ântero-posterior do lábio superior e inferior em relação à linha S foi de 3,72±2,85 mm e 1,18±3,23 mm, respetivamente. Foi encontrada uma correlação r=0,509 entre o lábio superior e a linha E e o lábio superior e a linha S e r= 0,861 entre o lábio inferior e a linha E e o lábio inferior e a linha S

16) **Pound 1972** -Os desenhos oclusais e as suas funções resultantes são uma preocupação para o dentista, de modo a minimizar a perda dos restantes tecidos da boca, que pode ser atribuída à oclusão. Isto é difícil de avaliar, uma vez que os tecidos vivos mudam e as tolerâncias fisiológicas variam. São necessárias mais investigações estatísticas a longo prazo para comparar os vários desenhos oclusais, de modo a que se possam desenvolver directrizes mais definidas. Até essas directrizes estarem disponíveis, o dentista deve confiar na sua experiência clínica e no seu julgamento clínico para selecionar o desenho ou desenhos oclusais da sua escolha no tratamento de pacientes com próteses completas.

17) **Maritato 1964 -Medições** em roentgenogramas cefalométricos foram feitas para indicar a estabilidade de certos pontos anatômicos em relação a pacientes dentados e desdentados. Os resultados dos três testes demonstram:

* Os dois terços gengivais, e não o terço incisal dos incisivos centrais superiores, actuaram como suporte principal do lábio em 70 de 100 pacientes.
* . O osso alveolar dos incisivos centrais superiores é anterior ao *pontoA*.
* A porção mais vestibular do incisivo central maxilar é anterior ao ponto *A* e ao osso alveolar.
* Após a extração dos dentes anteriores, o *pontoA* permanece relativamente constante.
* A borda labial da prótese, quando totalmente estendida e mantida dentro da tolerância fisiológica do doente, está muito próxima do *pontoA*.

18) **Hock DA 1992** - O melhor método para a seleção dos dentes anteriores maxilares é a utilização de registos pré-extração ou fotografias antigas. Na literatura são citadas numerosas directrizes qualitativas e quantitativas para a colocação correcta dos dentes anteriores superiores. Através da construção cuidadosa e adequada do rebordo oclusal da cera maxilar, estes factores podem ser registados e transmitidos ao técnico de laboratório dentário.

19) **Venugopalam 2012** - O estabelecimento de um plano oclusal correto é necessário para desenvolver uma oclusão compatível com a biomecânica de um sistema estomatognático. Tem havido uma grande controvérsia relativamente ao(s) ponto(s) de referência anatómico(s) utilizado(s) para identificar o plano de Camper (AlaTragus), em relação ao qual o plano oclusal é orientado paralelamente na prática regular da prótese dentária completa.

20) **Arora S 2011** - A fala é uma atividade sofisticada, autónoma e inconsciente. A perda de dentes e estruturas de suporte altera a cavidade articulatória principal e produz um efeito marcado no padrão de fala proporcional à localização e magnitude das alterações. Durante o fabrico da prótese, a avaliação fonética é frequentemente negligenciada, enquanto se dá mais ênfase a outros elementos-chave, como a estética e a função. Se se pretende que as próteses contribuam eficazmente para as funções da fala, os dentistas devem utilizar estudos no campo da ciência da fala para aumentar o seu conhecimento clínico do fator fonético na construção de próteses. Descreve os vários aspectos da fala e da fonética e o seu significado na prótese dentária.

21) **Scheib JE1999** -A relação entre atratividade facial e simetria foi ainda observada, mesmo quando as pistas de simetria foram removidas, apresentando apenas a metade

esquerda ou direita das faces. Estes resultados sugerem que outras características atractivas, para além da simetria, podem ser utilizadas para avaliar a condição fenotípica. Identificámos uma dessas pistas, a masculinidade facial (proeminência dos ossos das bochechas e uma face inferior relativamente mais longa), que estava relacionada tanto com a simetria como com a atratividade da face inteira e da metade da face.

22) **Qualtrough 1994** - Quando se considera a aparência dentária global, vários factores são importantes, incluindo a cor, forma e posição dos dentes; a qualidade da restauração; e a disposição geral da dentição, especialmente dos dentes anteriores. Cada fator pode ser considerado individualmente, mas todos os componentes em conjunto actuam de forma concertada para produzir o efeito estético final. No entanto, embora o clínico deva ter em conta os desejos do paciente de obter um resultado estético favorável, os materiais e as técnicas devem ser cuidadosamente seleccionados e as restaurações devem ser suficientes para suportar as forças de oclusão e mastigação e proporcionar uma função a longo prazo.

23) **Manjula WS 2015-** A beleza está na mente de quem vê, cada mente percebe uma beleza diferente", disse a famosa escritora Margeret Wolfe Hungerford. Um sorriso bonito é uma porta de entrada para o mundo. O objetivo deste artigo era identificar os critérios para desenhar o sorriso perfeito. Foi determinado que a conceção do sorriso é um processo multifatorial e que estão envolvidas várias etapas na conceção de um sorriso radiante.

24) **Miller 1989** - Foi apresentado um método sólido, eficaz e direto para maximizar o quociente estético da composição dentária. Este raciocínio também ajudará o dentista a alcançar o estabelecimento de uma dimensão vertical fisiologicamente correcta.

25) **Kohli S 2019** - O desenho estético do sorriso é uma ferramenta concetual que pode reforçar o diagnóstico, melhorar a comunicação e aumentar a certeza do tratamento. A análise das características faciais e gengivais em relação aos dentes pode ser conseguida através da avaliação dos parâmetros faciais, dento-labiais e dentogengivais, que são passos cruciais na conceção do sorriso. Em seguida, foi efectuado um enceramento de diagnóstico, que é uma ferramenta imperativa, nos dentes anteriores do maxilar para satisfazer o desenho do sorriso e estabelecer uma orientação anterior. O enceramento de diagnóstico permitiu ao dentista comunicar eficazmente com o paciente relativamente ao resultado estético final com uma linha de sorriso melhorada. O provisório estético pré-avaliativo preparado a partir do enceramento de diagnóstico permite que o dentista e o paciente avaliem a aparência das futuras restaurações durante o sorriso e a função. Assim, o objetivo deste relato de caso foi realçar a melhoria do sorriso com a ajuda do enceramento de diagnóstico anatómico, seguindo os princípios da conceção estética do sorriso.

26) **Sozio 1986 - Uma** coroa dentária ou um aparelho dentário semelhante, fixo e personalizado, feito de uma cerâmica cozida que não sofre praticamente nenhuma contração durante a cozedura, sendo o aparelho fabricado através da formação de um compacto de cerâmica crua pré-cozida com uma superfície inferior moldada para um ajuste preciso ao dente preparado no qual o aparelho deve ser utilizado e, em seguida, a cozedura do compacto até obter uma estrutura monolítica densa e dura.

27) **Bhuvneswaram 2010-** É necessária uma abordagem organizada e sistemática para avaliar, diagnosticar e resolver problemas estéticos de forma previsível. É de importância primordial que o resultado final não dependa apenas da aparência. O nosso objetivo final como clínicos é conseguir uma composição agradável no sorriso, criando um arranjo de vários elementos estéticos

28) **Hulsey 1970-** Neste estudo foram estudados cinco componentes básicos de cada sorriso:

(1) o rácio da linha do sorriso, (2) o rácio de simetria do sorriso, se os lábios de cada lado da linha média do sorriso eram ou não simétricos entre si; (3) o rácio do corredor bucal, o rácio da largura entre os dentes caninos e a largura do sorriso; (4) a altura do lábio superior, determinada pela relação do lábio superior com a margem gengival do incisivo central superior; e (5) a curvatura do lábio superior, se os cantos do sorriso estavam ou não acima, nivelados ou abaixo da linha média do lábio superior.

29) **Padwa 1997-** O objetivo deste estudo foi comparar a avaliação subjectiva da inclinação oclusal em fotografias frontais com medições radiográficas objectivas para determinar o limiar a partir do qual uma inclinação é reconhecida como anormal

30) **Frush e Fisher 1959** - O conceito dentogénico é uma filosofia estética. O seu objetivo é apresentar conhecimentos através dos quais o protésico pode substituir a dentição perdida de modo a obter uma aparência que seja complementar ao sexo, personalidade e idade do doente. O conceito dentogénico foi explicado e demonstrado para benefício do dentista e do técnico de laboratório dentário. O técnico foi esclarecido de modo a poder ajudar o dentista quando necessário.

31) **Golub 2009** -Não foi observada coincidência significativa entre a linha média interpupilar e a linha média dentária. No entanto, a distância interpupilar e a sua relação com outras estruturas anatómicas podem ser utilizadas como referência no tratamento, mas as medições devem ser avaliadas individualmente.

32) **Morley2001** - A utilização crescente de procedimentos de restauração cosmética por parte **dos médicos gerou** um maior interesse na determinação de directrizes e normas estéticas. O impacto estético global de um sorriso pode ser dividido em quatro áreas específicas: estética gengival, estética facial, microestética e macroestética. Neste artigo, os autores centram-se nos princípios da macroestética, que representa as relações e os rácios de relacionamento de vários dentes entre si, com os tecidos moles e com as características faciais

33) **Gillen 1994-** Este estudo foi realizado para determinar as dimensões médias dos seis dentes anteriores superiores numa população-alvo e para avaliar as relações entre as dimensões interdentárias e intradentárias. Foram obtidos moldes de 54 pacientes com idades compreendidas entre os 18 e os 35 anos. As medições de comprimento e largura foram efectuadas nos moldes utilizando um paquímetro digital. Com base nessas medidas, foram calculados os rácios: comprimento para largura, largura para largura e comprimento para comprimento. Embora as dimensões dos dentes variassem um pouco consoante a raça e o género, os rácios eram bastante consistentes. Além disso, a proporção áurea não se correlacionou com nenhum dos rácios calculados.

34) **Mahshid 2004 - Este** estudo teve como objetivo investigar a existência da proporção áurea entre as larguras dos dentes anteriores superiores em indivíduos com um sorriso estético. Este estudo foi realizado com 157 estudantes de medicina dentária (75 mulheres e 82 homens), com idades compreendidas entre os 18 e os 30 anos. Foram seleccionados como portadores de sorriso estético os alunos cujo sorriso natural não apresentava qualquer tensão visual (ver abaixo) em relação aos critérios do estudo e aos seus próprios critérios. Um programa de medição de imagens foi utilizado para medir as larguras mesiodistais aparentes de seis dentes anteriores superiores nas fotografias digitalizadas desses indivíduos. A existência da proporção áurea foi investigada nos rácios de largura dos dentes anteriores superiores, não se verificando a existência da proporção áurea entre as larguras percebidas dos dentes anteriores superiores de indivíduos com um sorriso estético.

35) **Magne 2003 - O** objetivo deste estudo foi analisar as coroas anatómicas de 4 grupos de

dentes (incisivos centrais, <u>incisivos laterais,</u> caninos e primeiros pré-molares) da <u>dentição</u> maxilar no que diz respeito à largura, comprimento e relação largura/comprimento e determinar de que forma estes parâmetros são influenciados pelo desgaste do bordo incisal.

36) **Sterrett 1999 - O** objetivo desta investigação foi analisar a coroa clínica dos 3 grupos de dentes do sextante anterior do maxilar da dentição permanente de indivíduos normais no que diz respeito a (i) largura, comprimento e rácios largura/comprimento e (ii) determinar se existe uma correlação entre as dimensões dos dentes ou os rácios dos grupos de dentes e a altura do indivíduo. Os indivíduos (>20 anos de idade) foram recrutados para este estudo se (i) a margem gengival livre na superfície facial dos dentes no sextante maxilar estivesse posicionada apicalmente ao bojo cervical, (ii) não houvesse evidência de perda de inserção; conforme determinado pela ausência de uma JCE detetável e (iii) o tecido marginal tivesse uma forma de faca, consistência firme e cor rosa coral

37) **Hall 2011- A** substituição estética e a disposição fisiológica dos dentes tornaram a prótese completa biologicamente compatível e desejável. A colocação correcta do dente deve ser funcional e esteticamente agradável para melhorar a psicologia do paciente. Este artigo revê a evolução dos conceitos de seleção de dentes e as técnicas recentes utilizadas para selecionar dentes anteriores para próteses completas.

38) **Sellen 1999-** A seleção de dentes artificiais para uma prótese é complexa quando não existem dentes naturais remanescentes e não há registos pré-extração. O objetivo deste artigo é rever os métodos utilizados para selecionar dentes artificiais anteriores para o indivíduo desdentado. Materiais e Métodos: A revisão tem em conta a maioria dos artigos publicados nos últimos 100 anos e está organizada de acordo com os métodos utilizados para determinar a forma dos dentes artificiais. Resultados: Vários fatores têm sido propostos como auxiliares na seleção de dentes artificiais, e numerosos métodos têm sido desenvolvidos para a avaliação de fatores estéticos confiáveis na determinação da forma dos dentes artificiais. Conclusão: Até à data, não foi encontrado nenhum método universalmente fiável para determinar a forma dos dentes. A classificação de Williams (1914) é o método mais universalmente aceite para determinar a forma dos dentes anteriores.

39) **Hughes 1951 - Se** existirem tendências protractivas nas áreas maxilar ou mandibular, a gengiva dos dentes anteriores torna-se mais proeminente do que a incisal. Quando existem tendências retractivas, a incisal dos dentes anteriores torna-se mais proeminente do que a gengival. Os lábios são suportados principalmente pelo terço ou metade da gengiva dos dentes centrais e laterais e não pela porção incisal da superfície vestibular dos dentes. Os contornos faciais devem ser estudados na posição de repouso e com o espaço livre adequado presente, se se pretender observar uma aparência natural.

40) **Ahmad 2005-O** objetivo desta série é transmitir os princípios que regem os nossos sentidos estéticos. Normalmente significando perceção visual, a estética não se limita apenas ao aparelho ocular. O conceito de estética engloba tanto as artes temporais, como a música, o teatro, a literatura e o cinema, como as artes espaciais, como a pintura, a escultura e a arquitetura.

41) **Gillen 1994 - Este** estudo foi realizado para determinar as dimensões médias dos seis dentes anteriores superiores numa população-alvo e para avaliar as relações entre as dimensões interdentárias e intradentárias. Foram obtidos moldes de 54 pacientes com idades compreendidas entre os 18 e os 35 anos. As medições de comprimento e largura foram efectuadas nos moldes utilizando um paquímetro digital. Com base nessas medidas, foram calculados os rácios: comprimento para largura, largura para largura e comprimento para

comprimento. Embora as dimensões dos dentes variassem um pouco consoante a raça e o género, os rácios eram bastante consistentes. Além disso, a proporção áurea não se correlacionou com nenhum dos rácios calculados.

42) **Hasanreisoglu 2005-** As dimensões dos <u>incisivos centrais</u> e caninos <u>superiores</u> dos homens eram maiores do que as das mulheres na população turca estudada, com os caninos a apresentarem a maior variação de género. Não foi determinada uma proporção áurea ou qualquer outra proporção recorrente para todos os dentes anteriores. A largura bizigomática e a largura interalar podem servir como referências para estabelecer a largura ideal dos dentes anteriores superiores, principalmente nas mulheres.

43) **Beyer 1998 -** A posição da linha média **maxilar em** relação à linha média facial é salientada como uma caraterística de diagnóstico importante no planeamento do tratamento. No entanto, dependendo do paciente, o movimento da linha média dentária para coincidir com a linha média facial pode ser difícil de conseguir. Além disso, a avaliação da posição da linha média dentária pode ser complicada se outras estruturas da linha média facial não estiverem bem alinhadas

44) **Ricketts 1969-** Qualquer registo de oclusão está dependente da musculatura. Os músculos mantêm o sistema esquelético unido; nada mais tem a capacidade para esta função estabilizadora. Qualquer que seja o tratamento necessário para remover contraturas, para colocar os côndilos em justaposição normal com as fossas, para promover a entrada sensorial normal no circuito neuromuscular e para manter o equilíbrio funcional, *é* o tratamento correto.

45) **Karthigeyan S 2012-Quando** se perdem os dentes naturais, torna-se difícil arrumar os dentes na sua posição original nas próteses completas. Foi sugerida uma variedade de guias para a disposição dos dentes, designadas por guias bio-métricas. A papila incisiva é um ponto de referência comummente utilizado e fiável na disposição dos dentes anteriores. São registados diferentes valores para a distância entre ela e os dentes anteriores. Os pontos de medição, os seus métodos e a sua exatidão podem ajudar a decidir qual o valor correto a utilizar

46) **Guldag 2008 - O** objetivo do estudo foi determinar a distância vertical entre os incisivos centrais superiores e a papila incisiva. A distância vertical entre os bordos incisais dos incisivos centrais superiores e o centro da papila incisiva foi medida com um paquímetro digital nos modelos de gesso obtidos de indivíduos dentados. A distância vertical média entre os incisivos centrais superiores e a papila incisiva nos modelos de gesso foi de 6,70±0,81 mm. A variação da distância vertical foi de 5,51 mm a 8,89 mm.

47) **Chaudhary D 2015-O** tratamento dentário **estético** envolve componentes artísticos e subjectivos concebidos para criar a ilusão de beleza. É necessária uma abordagem sistemática organizada para avaliar, diagnosticar e resolver problemas estéticos de forma previsível. O nosso objetivo final é conseguir uma composição agradável no sorriso, criando uma disposição de vários elementos estéticos. Uma das tarefas mais importantes na medicina dentária estética é a criação de proporções harmoniosas entre as larguras dos dentes anteriores superiores aquando da restauração ou substituição desses dentes. Este artigo de revisão descreve a aplicação da Proporção Áurea e da Proporção Vermelha na medicina dentária e o âmbito futuro do desenho do sorriso.

48) **Dunn WJ 1996 - A** importância da atratividade dentofacial para o bem-estar psicossocial de um indivíduo está bem estabelecida. Existe muito pouca informação disponível relativamente às percepções dos pacientes dentários sobre uma imagem estética agradável. O objetivo deste estudo foi identificar os factores que distinguem os sorrisos atraentes dos

sorrisos pouco atraentes, tal como são percebidos pelos pacientes.

49) **Sharma PK 2012-** As considerações estéticas continuam a tornar-se mais relevantes no planeamento <u>do tratamento dentário</u>. Os pacientes estão cada vez mais conscientes da importância de um sorriso bonito em relação à beleza facial. Tradicionalmente, os dentistas têm-se concentrado em restaurar a saúde e os elementos funcionais da <u>dentição</u>. O design contemporâneo do sorriso é um conceito relativamente novo, e as técnicas e filosofias estão em constante evolução. Este artigo descreve os factores que devem ser considerados na avaliação e criação do sorriso ideal, com ênfase na integração de todos os componentes essenciais de um sorriso: estética facial, gengival e dentária dos dentes.

50) **Liindemann 2004 - A** forma da face de um paciente é normalmente utilizada como referência para selecionar a forma dos incisivos centrais superiores em pacientes edêntulos. A validade desta relação não foi comprovada. O objetivo deste estudo clínico foi determinar se existe uma relação entre os incisivos centrais superiores e a forma do rosto. Foram feitos moldes dos maxilares de 50 homens e 50 mulheres. Um procedimento fotográfico digital padronizado foi utilizado para registar vistas frontais da face de cada sujeito e dos incisivos centrais superiores dos moldes dentários. As formas dos incisivos centrais superiores foram comparadas com as formas da face. As correspondências de forma foram avaliadas de acordo com a distância de Hausdorff (HDD). A função $h(A,B)$ é designada por HDD direccionada da forma A para a forma B (esta função não é uma distância real). Reflecte a distância entre as formas

REFERÊNCIAS

1) Dicionário OE. Oxford english dictionary. Simpson, JA & Weiner, ESC. 1989.

2) Aidsman IK. Glossário de termos protéticos. Journal of Prosthetic Dentistry. 1977 Jul 1;38(1):66-109.

3) Polonsky R. English literature and the Russian aesthetic renaissance. Cambridge University Press; 1998 Nov 5.

4) Ring ME. Dentistry: a look backward and a peek into the future. O jornal dentário do estado de Nova Iorque. 1997 Jan;63(1):40-5.

5) Vines RF, Semmelman JO, Lee PW, Fonvielle Jr FP. Mechanisms involved in securing dense, vitrified ceramics from preshaped partly crystalline bodies. Journal of the American Ceramic Society. 1958 Aug;41(8):304-9

6) Weinstein LK, Weinstein AB, inventores. Dentes de porcelana fundida em metal. Patente dos Estados Unidos US 3,052,982. 1962 Set 11.

7) McLean JW. Evolução da cerâmica dentária no século XX. Journal of Prosthetic Dentistry. 2001 Jan 1;85(1):61-6.

8) Rufenacht CR. Princípios de integração estética. Quintessence Publishing (IL); 2000.

9) Lombardi R. Perceção visual e estética dentária. J Prosthet Dent 1973; 29:352-382

10) Frutwangler, Prasad K, Sudham SG. Princípios Estéticos-Revisitados. Guident. 2011 Oct 1;4(11).

11) Levin EI. A estética dentária e a proporção áurea. The Journal of prosthetic dentistry. 1978 Sep 1;40(3):244-52.

12) Işiksal E, Hazar S, Akvalcin S. Estética do sorriso: perceção e comparação de
sorrisos tratados e não tratados. American Journal of Orthodontics and Dentofacial Orthopedics (Jornal Americano de Ortodontia e Ortopedia Facial). 2006 Jan 1;129(1):8-16.

13) Olsson A, Posselt U. Relação de várias linhas de referência do crânio. The Journal of Prosthetic Dentistry. 1961 Nov 1;11(6):1045-9.

14) Ow RK, Djeng SK, Ho CK. As relações das proporções faciais superiores e o plano de oclusão com os planos de referência anatómicos. The Journal of prosthetic dentistry. 1989 Jun 1;61(6):727-33.

15) Fletcher AM. Variações étnicas nos ângulos de orientação condilar sagital. Journal of dentistry. 1985 Dec 1;13(4):304-10.

16) Asad S, Kazmi F, Mumtaz M, Malik A, Baig RR. Avaliação da Posição AnteroPosterior dos Lábios: E-Line-S-Line. Pakistan Oral & Dental Journal. 2011 Jun 1;31(1).

17) HO. A oclusão relacionada com a prótese removível completa. The Journal of prosthetic dentistry. 1972 Mar 1;27(3):246-56.

18) Maritato FR, Douglas JR. Um guia positivo para a colocação de dentes anteriores. Journal of Prosthetic Dentistry. 1964 Sep 1;14(5):848-53.

19) Hock DA. Guias qualitativos e quantitativos para a seleção e disposição dos dentes anteriores maxilares. Jornal de Prótese Dentária. 1992 Dec;1(2):106- 11.

20) Venugopalan SK, SatishBabu CL, Rani MS. Determinação do paralelismo relativo do plano oclusal às três linhas ala-tragal em várias más oclusões esqueléticas: Um estudo cefalométrico. Jornal Indiano de Investigação Dentária. 2012 Nov 1;23(6):719.

21) Arora S, Walia MS, Garg S. Fonética - seu papel na prótese dentária. Revista indiana de ciências dentárias. 2011 Jun 1;3(2).

22) Scheib JE, Gangestad SW, Thornhill R. Facial attractiveness, symmetry and cues of good

genes (Atratividade facial, simetria e sinais de bons genes). Actas da Sociedade Real de Londres. Série B: Ciências Biológicas. 1999 Sep 22;266(1431):1913-7.

23) Qualtrough AJ, Burke FJ. Um olhar sobre a estética dentária. Quintessência internacional. 1994 Jan 1;25(1).

24) Manjula WS, Sukumar MR, Kishorekumar S, Gnanashanmugam K, Mahalakshmi K. Smile: Uma revisão. Jornal de farmácia e ciências biológicas. 2015 Apr;7(Suppl 1):S271.

25) Miller CJ. A linha do sorriso como um guia para a estética anterior. Dental Clinics of North America. 1989 Abr;33(2):157-64.

26) Kohli S, Yee A. Melhoria do sorriso com enceramento de diagnóstico anatómico e desenho de sorriso estético abrangente. Jornal de Saúde Oral Internacional. 2019 Jul 1;11(4):221.

27) Sozio RB, Riley EJ, inventores; Coors Porcelain Co, cessionário. Aparelho dentário e método de fabrico. Patente dos Estados Unidos US 4,585,417. 1986 abril 29.

28) Bhuvaneswaran M. Principles of smile design. Jornal de medicina dentária conservadora: JCD. 2010 Oct;13(4):225.

29) Hulsey CM. Uma avaliação estética das relações lábio-dentes presentes no sorriso. Revista Americana de Ortodontia. 1970 Feb 1;57(2):132-44.

30) Padwa BL, Kaiser MO, Kaban LB. A escala oclusal no plano frontal como reflexo da assimetria facial. Jornal de cirurgia oral e maxilofacial. 1997 Aug 1;55(8):811-6.

31) Frush JP, Fisher RD. Dentogénica: A sua aplicação prática. The Journal of Prosthetic Dentistry. 1959 Nov 1;9(6):914-21.

32) Eskelsen E, Fernandes CB, Pelogia F, Cunha LG, Pallos D, Neisser MP, Liporoni PC. Concordância entre a linha média maxilar e a bissetriz da linha interpupilar. Journal of Esthetic and Restorative Dentistry. 2009 Feb;21(1):37-41.

33) Morley J, Eubank J. Macroesthetic elements of smile design. The Journal of the American Dental Association. 2001 Jan 1;132(1):39-45.

34) Gillen RJ, Schwartz RS, Hilton TJ, Evans DB. Uma análise das proporções dentárias normativas seleccionadas. Jornal Internacional de Prótese Dentária. 1994 Sep 1;7(5).

35) Mahshid M, Khoshvaghti A, Varshosaz M, Vallaei N. Avaliação da "proporção áurea" em indivíduos com um sorriso estético. Journal of esthetic and restorative dentistry. 2004 maio;16(3):185-92.

36) Magne P, Gallucci GO, Belser UC. Relações largura/comprimento da coroa anatómica de dentes maxilares desgastados e não desgastados em indivíduos brancos. The Journal of prosthetic dentistry. 2003 May 1;89(5):453-61.

37) Sterrett JD, Oliver T, Robinson F, Fortson W, Knaak B, Russell CM. Rácios largura/comprimento de coroas clínicas normais da dentição anterior maxilar no homem. Jornal de periodontologia clínica. 1999 Mar;26(3):153-7.

38) Kumar MV, Ahila SC, Devi SS. A ciência da seleção de dentes anteriores para um paciente completamente desdentado: uma revisão da literatura. O Jornal da Sociedade Indiana de Dentisteria Protética. 2011 Mar 1;11(1):7-13.

39) Sellen PN, Jagger DC, Harrison A. Métodos usados para selecionar dentes anteriores artificiais para o paciente edêntulo: uma visão histórica. Jornal Internacional de Prótese Dentária. 1999 Jan 1;12(1).

40) Hughes GA. Tipos faciais e disposição dos dentes. The Journal of prosthetic dentistry. 1951 Jan 1;1(1-2):82-95.

Ahmad I. Estética dentária anterior: Perspetiva dentária. British dental journal. 2005 Ago;199(3):135.

Gillen RJ, Schwartz RS, Hilton TJ, Evans DB. Uma análise das proporções dentárias normativas seleccionadas. Jornal Internacional de Prótese Dentária. 1994 Sep 1;7(5).

Hasanreisoglu U, Berksun S, Aras K, Arslan I. Uma análise dos dentes anteriores superiores: proporções faciais e dentárias. O Jornal de Odontologia Protética. 2005 Dec 1;94(6):530-8.

Beyer JW, Lindauer SJ. Avaliação da posição da linha média dentária. InSeminars in orthodontics 1998 Sep 1 (Vol. 4, No. 3, pp. 146-152). WB Saunders.

Ricketts RM. Oclusão - o meio da medicina dentária. O Jornal de odontologia protética. 1969 Jan 1;21

Karthigeyan S, Ali Sa, Koruthu Av, Mohan K. Incisive papilla as a bio-metric guide in the arrangement of teeth. Pakistan Oral & Dental Journal. 2012 Aug 1;32(2).

Guldag MU, Sentut F, Buyukkaplan US. Investigação da distância vertical entre a papila incisiva e o bordo incisal dos incisivos centrais superiores. Revista Europeia de Medicina Dentária. 2008 Jul;2:161.

Chaudhary D, Kaur A, Bansal A, Kukreja N. Smile Prejudice: A Review. Jornal Indiano de Ciências Dentárias. 2015 Jun 1;7(2).

Dunn WJ, Murchison DF, Broome JC. Estética: percepções dos pacientes sobre a atratividade dentária. Journal of Prosthodontics. 1996 Sep;5(3):166-71.

Sharma PK, Sharma P. Dental smile esthetics: the assessment and creation of the ideal smile. InSeminars in orthodontics 2012 Sep 1 (Vol. 18, No. 3, pp. 193-201). WB Saunders.

Lindemann HB, Knauer C, Pfeiffer P. Relações morfométricas entre as formas dos dentes e do rosto. Journal of Oral rehabilitation. 2004 Oct;31(10):972-8. Lynch CD, McConnell RJ. Tratamento protético da curva de Spee: uso da bandeira de Broadrick. The Journal of prosthetic dentistry. 2002 Jun 1;87(6):593-7.

Linkow LI. Áreas de contacto em dentições naturais e próteses fixas. The Journal of Prosthetic Dentistry. 1962 Jan 1;12(1):132-7.

Martegani P, Silvestri M, Mascarello F, Scipioni T, Ghezzi C, Rota C, Cattaneo V. Estudo morfométrico da unidade interproximal na região estética para correlacionar as variáveis anatómicas que afectam o aspeto do espaço de embrasure dos tecidos moles. Journal of periodontology. 2007 Dec 1;78(12):2260-5.

55) Chakroborty G, Pal TK, Chakroborty A. Um estudo sobre o componente gengival do sorriso. Jornal da Organização Internacional de Investigação Clínica Dentária. 2015 Jul 1;7(2):111.

56) Chu SJ, TAN JH, Stappert CF, Tarnow DP. Posições e níveis do zénite gengival na dentição anterior maxilar. Journal of Esthetic and Restorative Dentistry. 2009 Abr;21(2):113-20.

57) Goldstein RE. Estética em odontologia. PMPH-USA; 2014 Jun 30.

58) Pinho S, Ciriaco C, Faber J, Lenza MA. Impacto das assimetrias dentárias na perceção da estética do sorriso. American Journal of Orthodontics and Dentofacial Orthopedics. 2007 Dec 1;132(6):748-53.

59) Qualtrough AJ, Burke FJ. Um olhar sobre a estética dentária. Quintessência internacional. 1994 Jan 1;25(1).

60) Mavroskoufis F, Ritchie GM. A forma facial como guia para a seleção dos incisivos centrais superiores. The Journal of prosthetic dentistry. 1980 maio 1;43(5):501-5.

61) Becker CM, Kaldahl WB. Teorias actuais sobre o contorno da coroa, colocação de

margens e desenho de pônticos. The Journal of prosthetic dentistry. 1981 Mar 1;45(3):268-77.

62) Malacara D. Color vision and colorimetry: theory and applications. Bellingham, WA: Spie.

63) Paravina RD, Swift Jr EJ. A cor em medicina dentária: combina comigo, não combina comigo. Journal of Esthetic and Restorative Dentistry. 2009 Abr;21(2):133-9.

64) Sikri VK. Cor: Implicações em medicina dentária. Revista de odontologia conservadora: JCD. 2010 Oct;13(4):249.

65) Chu SJ. Passos clínicos para uma gestão previsível da cor em dentisteria restauradora estética. Dental Clinics of North America. 2007 Abr 1;51(2):473-85.

66) Barna GJ, Taylor JW, King GE, Pelleu Jr GB. A influência de intensidades de luz seleccionadas na perceção da cor dentro da gama de cores dos dentes naturais. The Journal of prosthetic dentistry. 1981 Oct 1;46(4):450-3.

67) Hall GL, Bobrick M. Improved Illumination Of The Dental Treatment Room (Melhoria da iluminação da sala de tratamento dentário). Bobrick (Mitchell) Inc Beverly Hills Calif; 1968 Dez.

Mullen KT. A sensibilidade ao contraste da visão cromática humana às grelhas cromáticas vermelho-verde e azul-amarelo. The Journal of physiology. 1985 Feb 1;359(1):381-400.

Barlow HB. O que causa a tricromacia? Uma análise teórica utilizando espectros filtrados em pente. Vision research. 1982 Jan 1;22(6):635-43.

Yang S, Ro YM. Adaptação de conteúdos visuais para deficiência de visão a cores. InProceedings 2003 International Conference on Image Processing (Cat. No. 03CH37429) 2003 Sep 14 (Vol. 1, pp. I-453). IEEE.

Sproull RC. Correspondência de cores em medicina dentária. Parte II. Aplicações práticas da organização da cor. Journal of Prosthetic Dentistry. 2001 Nov 1;86(5):458- 64.

Corcodel N, Helling S, Rammelsberg P, Hassel AJ. Efeito metamérico entre os dentes naturais e os separadores de cor de um guia de cor. Revista europeia de ciências orais. 2010 Jun;118(3):311-6.

Joiner A. Tooth colour: a review of the literature. Jornal de Medicina Dentária. 2004 Jan 1;32:3-12.

Villarroel M, Fahl N, de Sousa AM, de Oliveira OB. Restaurações estéticas directas baseadas na translucidez e opacidade das resinas compostas. Journal of Esthetic and Restorative Dentistry. 2011 Abr;23(2):73-87.

Lee YK. Opalescência de dentes humanos e materiais de restauração estética dentária. Revista de materiais dentários. 2016 Nov 28;35(6):845-54.

McCullock AJ, McCullock RM. Comunicação de sombras: Uma perspetiva clínica e técnica. Atualização dentária. 1999 Jul 2;26(6):247-52.

Seluk LW, LaLonde TD. Estética e comunicação com um guia de cores personalizado. Clínicas dentárias da América do Norte. 1985 Oct;29(4):741-51.

Spear FM, Kokich VG. Uma abordagem multidisciplinar à medicina dentária estética. Dental Clinics of North America. 2007 Abr 1;51(2):487-505.

79) Rich B, Goldstein GR. Novos paradigmas no planeamento do tratamento protético: uma revisão da literatura. The Journal of prosthetic dentistry. 2002 Aug 1;88(2):208-14.

Frese C, Staehle HJ, Wolff D. A avaliação da estética dentofacial em dentisteria de restauração: uma revisão da literatura. O Jornal da Associação Dentária Americana. 2012 maio 1;143(5):461-6.

81) Greenberg JR, Bogert MC. Uma lista de verificação de estética dentária para o

planeamento do tratamento em dentisteria estética. Compêndio. 2010 Oct;31(8).

82) Garcia LT, Bohnenkamp DM. A utilização de enceramentos de diagnóstico no planeamento do tratamento. Compêndio de educação contínua em medicina dentária (Jamesburg, NJ: 1995). 2003 Mar;24(3):210-.

83) Claman L, Patton D, Rashid R. Fotografia de retrato padronizada para pacientes dentários. American Journal of Orthodontics and Dentofacial Orthopedics (Jornal Americano de Ortodontia e Ortopedia Facial). 1990 Sep 1;98(3):197-205.

84) Gravely JF, Johnson DB. Classificação da má oclusão de Angle: uma avaliação da fiabilidade. Jornal Britânico de Ortodontia. 1974 Abr 1;1(3):79- 86.

85) Ravichandran R. Protocolo de tratamento protético para um paciente dentário geriátrico. O Jornal da Sociedade Indiana de Prótese Dentária. 2006 Abr 1;6(2):60.

86) Calamia JR, Levine JB, Lipp M, Cisneros G, Wolff MS. Desenho do sorriso e planeamento do tratamento com a ajuda de um formulário de avaliação estética abrangente. Dental Clinics. 2011 Abr 1;55(2):187-209.

87) Prosthodontics, A Princípios, conceitos e práticas em prótese dentária-1994.

88) Cagna DR, Massad JJ, Schiesser FJ. A zona neutra revisitada: dos conceitos históricos à aplicação moderna. The Journal of prosthetic dentistry. 2009 Jun 1;101(6):405-12.

89) Widmalm Se, Ericsson SG. Força de mordida máxima com carga cêntrica e excêntrica. Journal of Oral Rehabilitation. 1982 Sep;9(5):445-50.

90) Gibbs CH, Messerman T, Reswick JB, Derda HJ. Movimentos funcionais da mandíbula. The Journal of prosthetic dentistry. 1971 Dec 1;26(6):604-20.

91) Clayton JA. Oclusão e prótese dentária. Clínicas dentárias da América do Norte. 1995 Abr;39(2):313-33.

Printed by Books on Demand GmbH, Norderstedt / Germany